U0396574

复杂社会情境下的

个性化

FuZa SheHui
QingJing Xia De
GeXingHua TuiJian
FangFa Yu YingYong

推荐方法与应用

许翀寰 琚春华 鲍福光 著

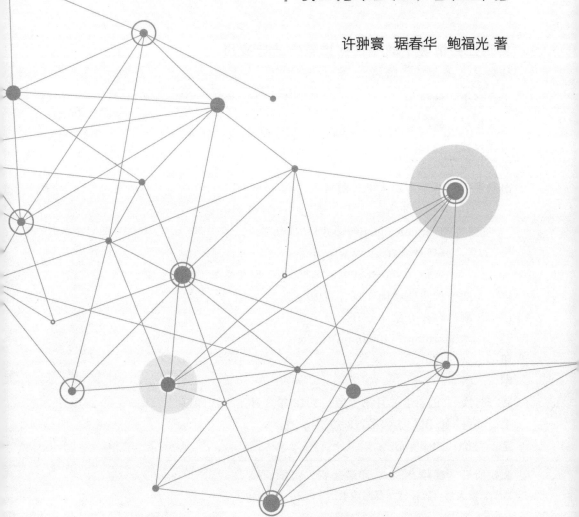

浙江工商大学出版社
ZHEJIANG GONGSHANG UNIVERSITY PRESS

图书在版编目(CIP)数据

复杂社会情境下的个性化推荐方法与应用 / 许翀寰，琚春华，鲍福光著. —杭州：浙江工商大学出版社，2018.8

ISBN 978-7-5178-2774-0

Ⅰ.①复… Ⅱ.①许… ②琚… ③鲍… Ⅲ.①聚类分析－分析方法－研究 Ⅳ.①O212.4

中国版本图书馆 CIP 数据核字(2018)第 121055 号

复杂社会情境下的个性化推荐方法与应用

许翀寰　琚春华　鲍福光 著

责任编辑	谭娟娟
责任校对	穆静雯
封面设计	包建辉
责任印制	包建辉
出版发行	浙江工商大学出版社
	(杭州市教工路 198 号　邮政编码 310012)
	(E-mail:zjgsupress@163.com)
	(网址:http://www.zjgsupress.com)
	电话:0571-88904980,88831806(传真)
排　　版	杭州朝曦图文设计有限公司
印　　刷	杭州五象印务有限公司
开　　本	710mm×1000mm　1/16
印　　张	13
字　　数	193 千
版 印 次	2018 年 8 月第 1 版　2018 年 8 月第 1 次印刷
书　　号	ISBN 978-7-5178-2774-0
定　　价	39.80 元

| Perface | 前言

　　电子商务作为一种新兴的商务模式已经越来越受到人们的普遍认可并蓬勃发展。2017 年，全国电子商务交易额已达 29.16 万亿元，同比增长 11.7%。电子商务不仅创造了新的消费需求，引发了新的投资热潮，开辟了就业增收新渠道，为大众创业、万众创新提供了新空间，而且正加速与制造业融合，推动服务业转型升级，催生新兴业态，成为提供公共产品、公共服务的新力量，成为经济发展新的原动力。然而，也正是由于互联网和电子商务发展太快、信息增长速度过快，带来了"资源过载"和"信息迷向"问题：人们现在面临的困难已不再是因信息量太少而找不到自己需要的内容，而是网络上信息量太多，复杂而无序，甚至真假难辨，使得人们难以发现自己需要的内容。

　　个性化推荐技术的出现在一定程度上解决了信息多样化与用户需求专一化之间的矛盾。特别是以个性化推荐技术为核心的推荐系统已广泛应用于电子商务、数字图书馆、新闻推荐、多媒体资源点播、电子旅游及社交网络等领域。尤其是在电子商务领域，几乎所有的平台如 Amazon、eBay、淘宝、天猫、京东等均不同程度地使用了各种推荐系统。个性化推荐的目标就是要把对的信息内容或商品推荐给对的用户，要能帮助用户迅速找到需要的信息或发掘出潜在的兴趣。从经济学的角度理解，这体现了众多企业所关注的长尾效应。无论是哪一家企业都想追求巨额的利润回报，在常规的经济思维模式的影响下，诸多的企业都在追求畅销的商品，并以此来获取高额的利润。畅销而热门的商品确实能够给企业带来巨大的经济利润，然而这种追求畅销而热门的商品的经营模式并非百利而无一弊，因为任何商品都只能畅销一时，不能保持永远畅销，企业不遗余力地制造畅销而热门的商品的后果可能是出现不畅销商品永远比畅销商品要多的局面，导致库存不断增加。聪明的企业在追求畅销的商品的同时也会注重那些不畅销的商品，即注重长尾效应。个性化推荐系统的应用在一定程度上能帮助企业实现该效应。

本书是针对复杂社会情境下个性化推荐模型、方法及应用的学术研究专著。全书共分 8 章：第 1 章为绪论，综述了个性化推荐方法的研究背景、意义和研究进展，并描述了全书的概貌，起到导引的作用。第 2 章为理论篇，主要介绍了与个性化推荐方法相关的理论，为个性化推荐的成因提供理论依据。第 3、4、5、6 章为方法篇，分别从已有的方法、笔者改进的方法这两方面入手对个性化推荐方法进行深入的阐述。其中，第 3 章介绍了常见的个性化推荐方法，第 4、5、6 章介绍了改进的个性化推荐方法。第 7 章为应用篇，主要介绍了个性化推荐方法的应用案例。第 8 章对复杂情境下的个性化推荐方法与应用进行了归纳总结，并对个性化推荐的未来发展做出展望。本书由许翀寰、琚春华和鲍福光执笔。本书适于从事数据挖掘和智能信息处理研发的科技工作者阅读并使用，也可作为高等院校数据挖掘智能信息处理、管理科学与工程等管理类和信息类相关专业研究生和本科生的教学参考书。

以消费者为中心的精准个性化服务已如火如荼地展开，未来基于消费者数据的研究和应用将在企业、组织甚至国家层面的竞争中发挥越来越重要的作用。衷心希望本书能为个性化推荐服务的相关研究者和实践者带来点滴帮助，成为读者扬帆大数据时代的助力剂。感谢业内专家对本书内容的指导、推荐和帮助。由于作者水平有限，书中难免有疏漏和不妥之处，恳请读者批评指正。

许翀寰　琚春华　鲍福光

2018 年 5 月

| Contents | 目录

第3章 | 个性化推荐方法综述

第4章 | 个性化推荐方法之关联规则分析推荐

第 7 章 ｜ 个性化推荐方法之应用实例

第 8 章 ｜ 总结与展望

第 1 章
绪　论

1.1　研究背景与意义

1.1.1　研究背景

电子商务及其相关产业经过二十多年的发展，已经越来越受到人们的认可与欢迎。国家统计局发布的统计数据显示，2017 年中国网上零售交易额达 7.18 万亿元，同比增长 32.2%，其中，实物商品的网上零售额达到 5.48 万亿元，增长 28%，占社会消费品零售总额的比重为 15%，比上一年提升 2.4 个百分点。可见，网络零售对消费的拉动作用进一步增强。中国电子商务领导企业阿里巴巴的数据显示，其 B2C 平台天猫在 2017 年 11 月 11 日的"双十一"活动当天创造了 1 682 亿元的销售额，同比增长 39%。这一天文数字是 2017 年美国促销活动日"黑色星期五"和"网络星期一"销售总额的 4 倍以上，约为亚马逊（Arrazan）会员日（Prime Day）销售额的 26 倍。 2017 年天猫"双十一"全球狂欢节这天，全球的 225 个国家和地区加入其中，令世界瞩目。① 电子商务不仅创造了新的消费需求，引发了新的投资热潮，开辟了就业增收新渠道，为大众创业、万众创新提供了新空间，而且正加速与制造业融合，推动服务业转型升级，催生新兴业态，成为提供公共产品、公共服务的新力量，成为经济发展新的原动力。 随着互联网基础设施建设的不断完善，电子商务领域内各类新技术的出现和广泛应用及与用户相关的海量数据的积累为精准营销、动态供应链优化等提供了前所未有的发展空间。 加之各类设备诸如便携式电脑、智能手机、平板电脑的普及，城市无线网络的覆盖，用户可以随时随地获取到比以往更加丰富多彩的信息内容，可以享受到比以往更加优质且多元化的服务。 在互联网和电子商务渗透的生活方式下，人们不用订阅报纸就能在任何时间、任何地点以最快的速度获取最新的新闻资讯；人们不用去音像店购买 CD，DVD，就能从网上的在线资源库下载大量喜欢的音乐和影视作品；人们不用去图书馆，足不出户就能查阅无数自己喜爱的专业书籍；人们不用去商场或超市，就能通过各大电子商务平台完成所有购物。 然而，也正是互联网和电子商务发展太快、信息增长速度过快，带来了一个问题：人们现在面临的困难已不再是因信息太少而找不到自己需要的内容，而是网络上信息量太多，复杂而无序，甚至真假难辨，使得人们难以发现自己需要的内容。 有时候即便是主动性搜索，也很难得到令人满意的搜索结果。 这种巨量信息的充斥所引发的问题就是"资源过载"和"信息迷向"，而且愈来愈严重。 对于个人用户而言，随着电子商务规模的不断扩大，商品个数和种类快速增加，人们往往需要花费大量的时间才能找到自己想买的商品或想要的信息。 如何快速、准确地从海量的信息中获取所需及有用的内容，成为人们迫切希望得到解决的问题。 对于企业而言，这种浏览大量无关的信息和产品的

---

① 法国媒体：《阿里"双十一"销售额秒杀西方购物节》，环球网，2017 年 11 月 22 日，http://news.eastday.com/w/20171122/u1ai11016185.html。

过程无疑会使淹没在信息过载问题中的消费者不断流失。 如何在日趋激烈的竞争环境下快速准确地发现用户的潜在需求，提升信息检索与推送的智能水平，提高个性化服务质量水平，维持用户的忠诚度，成为企业在电子商务活动中需要完善的重要服务内容。

为了解决这些问题，个性化推荐方法与技术应运而生。 个性化推荐技术的出现在一定程度上解决了信息多样化与用户需求专一化之间的矛盾。尤其是在电子商务领域，几乎所有的平台如 Amazon、eBay、淘宝、天猫、京东等均不同程度地使用了各种推荐系统。 个性化推荐的目的就是把对的信息内容或商品推荐给对的用户，帮助用户迅速找到需要的信息或发掘出潜在的兴趣。 这里需要特别指出的是，企业希望个性化推荐系统能挖掘出用户独有的偏好，如果仅仅是简单地将流行的商品或热门的信息推荐给用户，就失去了其意义和价值。 因为流行和热门的资讯或商品，用户可以在网络上轻而易举地获得，所以个性化推荐系统的一大特点就是要能充分细致地分析用户的偏好，给目标用户推荐符合其特有兴趣的信息或商品。 从经济学的角度理解，这体现了众多企业所关注的长尾效应。 长尾市场的规模通常大得惊人：把冷门商品的市场规模加总，甚至可与畅销商品抗衡。"长尾效应"已是许多企业成功的秘诀。 例如，Google 的主要利润不是来自大型企业的广告，而是小公司（广告的长尾）的广告；eBay 的主要获利来自长尾的利基商品，诸如典藏款汽车、高价精美的高尔夫球杆等；亚马逊 20%～40% 的零售额来源于那些非热销品。 个性化推荐不仅能帮助用户发现他们的兴趣，也能帮助企业实现长尾效应，增加交叉销售，进一步提高顾客的忠诚度。 衡量电子商务平台经营效果的 2 个重要指标是流量和转化率。 一般的电子商务平台从用户访问到用户购买的转化率是 0.5%，如果能够达到 1% 就算不错的成绩。 在同样的运营成本下转化率能够从 1% 增加到 1.1% 就是相当于增加了 10% 的销售额。 在中国市场上，亚马逊中国、唯品会、一号店的转化率分列第二、三、四位。① 在转化率的背后，个性化推荐

① 易观智库：《2014 年第 4 季度中国 B2C 网站转化率和活跃用户数》，中商情报网，2015 年 2 月 11 日，http://www.askci.com/new/chany/2015/02/11/1055121k84.shtml.

策略起到了重要的作用。 诸如当当网的"个性化推荐 & 精准营销生态系统 3.0"对原有的个性化推荐方法做了改进，大大提高了用户的购买转化率；知名电子商务企业京东基于大数据和个性化推荐方法，实现了向不同用户展示不同内容的效果，在 PC 端和移动端都已经为京东贡献了 10％的订单数量。 个性化推荐因这些作用和特点，广受业界和学术界的关注，并在它们共同的推动下不断发展。 综上所述，分析电子商务环境下个性化推荐服务策略，研究复杂社会情境下的个性化推荐模型及方法，对发展面向消费者的新型电子商务模式，创新企业在线服务内容，优化精准营销，提高消费者满意度和提升企业竞争力起到非常关键的作用。

1.1.2　研究问题

本书是基于用户的视角，聚焦于复杂社会情境进行的研究。 复杂社会情境通常指用户的本体情境、上下文情境和社会关系情境。 本体情境表示用户的个体属性特征；上下文情境表示用户所处的环境因素，通常为时间、地点，有时也涵盖关系；社会关系情境表示用户的各种社会关系。 对这些情境的分析和融入将有助于个性化推荐服务效果的大幅度提升。

1.1.3　研究意义

从理论研究的层面来看，电子商务个性化推荐研究这一范畴目前受到了国内外多个领域的学者的广泛关注，诸如管理学领域研究个性化推荐对精准营销的作用；计算机领域通过对推荐方法的改进与创新提升推荐质量水平；物理学领域结合网络链路分析，研究信息有效传播并以此提升推荐效果。 而且近年来，国家自然科学基金委员会也资助了不少与个性化推荐相关的研究项目。 由此，对复杂社会情境下的电子商务用户个性化推荐策略的研究具有较高的学术价值。

从实际应用层面来看，中国电子商务研究中心发布的《2017 年（上）中国电子商务市场数据监测报告》显示，2017 年上半年中国电子商务交易额达 13.35 万亿元，同比增长 27.1％。 其中，B2B 市场交易额 9.8 万亿元，网络零售市场交易额 3.1 万亿元，生活服务电子商务交易额

0.45 万亿元。① 网络零售额年均增长率超过 50％，位居世界第一。 随着电子商务应用的飞跃式发展，以及交易产品种类和数量的不断增加，以个性化推荐方法为核心的电子商务推荐系统的作用也必将变得越来越重要。

本书研究内容的理论意义和实践意义具体描述如下：

1.1.3.1　理论意义

（1）对电子商务环境下基于复杂情境的个性化推荐问题进行了有益的探索，从用户需求、企业实际情况这 2 个角度出发，进行用户偏好分析、推荐策略设计、推荐模型构建，将知识管理和数据挖掘相结合，有利于促进相关学科的相互渗透。

（2）针对现有研究中基于情境的个性化推荐方法存在的不足，将用户在不同情境下对商品属性特征的偏好及情境重要度融入个性化推荐方法中，以提高个性化推荐的质量及用户的满意度，促进个性化推荐方法的发展。

1.1.3.2　实践意义

（1）通过分析用户情境、用户偏好，使用推荐系统充分发现各种情境对用户偏好所产生的影响，企业可以准确了解消费者在不同情境下的个性化需求，进而达到企业和用户共同获益的效果。

（2）将该研究方法结合移动商务进行有益的探索，以移动商务环境下的折扣信息推荐为应用案例进行研究，可进一步提升本研究策略及相应方法的适用性。

本书以电子商务用户个性化推荐策略为研究主题，以数据挖掘方法为建模工具，以发现用户潜在需求、提高用户满意度、实现收益最大化为目的，探索复杂情境下的个性化推荐策略及方法。 通过对现有典型的个性化

---

① 《2017 年（上）中国电子商务市场数据监测报告》，电子商务研究中心，2017 年 9 月 19 日，http://www./vvec.cn/defail-641。

推荐方法及相应的模型进行深入分析，找出其存在的不足，设计能满足不同电子商务企业需求的个性化推荐方法。

1.2 个性化推荐系统发展现状

最早的推荐系统应该是卡耐基梅隆大学的 Robert Armstrong 和斯坦福大学的 Marko Balabanovic 等在 1995 年人工智能协会上分别推出的个性化导航系统 Web Watcher 和个性化推荐系统 LIRA。 推荐模型、方法与推荐系统的研究与应用已经有 20 多年的历史了。 个性化推荐方法源于数据挖掘技术，国内外学者们多是从技术层面入手对个性化推荐方法进行改进和创新。 自 20 世纪 90 年代个性化推荐这一个概念被首次提出后，很快在学术界、工业界等领域成为热门的话题，并一直保持着较高的研究热度。 个性化推荐系统的核心就是机器学习用户兴趣，它是建立在海量数据挖掘基础上的一种高级商务智能平台，以帮助电子商务网站为其顾客购物提供完全个性化的决策支持和信息服务。 从本质上说，个性化推荐系统就是代替用户评估他从未看过的商品，自动完成个性化选择的过程，帮助用户挖掘兴趣、激发购买欲望，从而满足用户个性化需求。 对企业而言，用户的需求通常是不明确的、模糊的，如果能够把满足用户模糊需求的商品推荐给用户，就可以把用户的潜在需求转化为现实需求，从而达到增加产品销售量的目的。

随着网络信息技术的发展和用户应用需求的提升，对推荐系统的要求也在与时俱进。 推荐系统的相关模型与方法依然是目前国内外研究学者和实践人员所关注的热点方向之一。 针对电子商务推荐模型，目前可以大致分为非个性化电子商务推荐模型、基于项目内容的推荐模型、基于历史行为的推荐模型、用户相似性协同过滤推荐模型和基于多种模型策略的混合推荐模型等（琚春华等，2012）。

用户模型（用户兴趣偏好模型）的构建是影响推荐系统服务质量的关键要素。 现有关于用户兴趣偏好模型的研究主要可以分为基于历史购物消费信息特征的用户模型的研究、基于消费者基本特征属性的用户模型的研究、基于情景特征分析的用户偏好模型的研究、基于用户特定网络行为分析的用户模型的研究及基于用户标签标注的情感分析与偏好模型的研究等。 信息科学领域的情景一词大约出现在 20 世纪末。 Schilit et al. （1994）提出，情景是由所处位置和周围的人或对象及这些对象的变化等组成。 Brown et al. （1997）进一步提出，情景是由所处位置、时间、周围的人、温度和季节等环境信息组成。 Abowd et al. （1999）认为，上述学者对情景的定义基本围绕着"位置"和"环境"，这样的定义过于宽泛，具有一定的局限性。 同时，他们提出，情景是一个或一组特定的实体，是环境、人、地点、时间、应用程序及它们之间关系等实体的有机组合，可以用来描述用户所处位置的特点和场景本质。 还有一些学者（Milicevic et al.，2010；张海燕等，2012）研究了基于标签的社会协同过滤推荐系统。 孟祥武等人（2013）对目前移动推荐系统及其关键技术和应用情况进行了比较分析。 上述相关研究和实践应用的用户模型虽然涉及了多因素的影响，但是，基本还没有真正将社会网络特征融入用户模型的构建中。 通过社会网络分析方法，计算社会网络关系强度及网络结构，建立基于社会网络协同的用户相似模型，可以有效凝聚相似用户，解决数据稀疏性和冷启动问题。 因此，有些学者（Javari et al.，2014；Guo et al.，2015）把社会网络特征融入个性化推荐，并以此完善推荐系统。

总之，个性化推荐系统的核心是个性化推荐方法，推荐方法的好坏决定着推荐服务质量的优劣。 国内外学者纷纷针对个性化推荐方法构建中涉及的各种问题展开大量的研究。 首先，本书将从消费者的角度出发，引入消费者行为学的相关理论阐明个性化推荐研究的必要性和个性化推荐方法的合理性及科学性。 其次，以个性化推荐的发展为视角，介绍个性化推荐的相关理论、方法分类和基于情境的推荐方法的研究进展。 然后，分别从已有的方法、笔者改进的方法这 2 个方面入手对个性化推荐方法进行深入的阐述。 最后，主要介绍个性化推荐方法的应用案例，同时对复杂情境下的个性化推荐方法与应用进行归纳总结，并对个性化推荐的未来发展做出展望。

1.3　本书的主要内容与结构

1.3.1　主要内容与创新

在现实生活中，消费者使用不同的电子商务平台时，能被平台获取到的情境信息存在很大的差异性。从资源合理利用的角度来说，不同的电子商务平台能利用的用户情境信息各不相同，如何在有限的资源里最大限度地提升个性化服务质量水平是各大电子商务平台面临的最大挑战。本书深入研究复杂情境下个性化推荐方法，并结合企业的实际需求，从信息维度和信息量的获取角度出发将企业分为三类：单一维度情境信息企业、部分维度情境信息企业和丰富维度情境信息企业。本书通过对复杂情境下的电子商务用户个性化推荐问题进行系统且深入的研究，对个性化推荐方法进行创新，提出能满足不同层次企业实际情境的有效的个性化推荐策略，进而更好地满足用户的个性化需求。

本书具体研究内容分为以下几个方面：

1.3.1.1　个性化推荐之关联规则推荐研究

基于关联规则的推荐方法是进行个性化推荐方法研究的一个重要分支。该类方法基于关联规则技术，关注用户行为，通过产品的"频繁关联"向用户推荐相应关联产品。关联规则统计的是在一个交易数据库中购买商品 X 的交易中同时购买了商品 Y 的比例，直观的意义就是了解用户在购买某些商品的时候还会倾向于购买另外哪些商品。基于关联规则分析的推荐方法最大的特点在于可以发现不同商品在销售过程中的相关性，挖掘出用户潜在的兴趣，满足用户的需求。在零售行业该方法已取得了不错的应用效果。本书第 4 章主要围绕关联规则设计了基于有序复合策略的数据流最大频繁项集挖掘模型和一种改进过的关联规则的评价方法与度量框架。

1.3.1.2　个性化推荐之协同过滤推荐研究

1）复杂情境下基于用户本体情境及信任关系的个性化推荐方法研究

随着用户情境的复杂化，传统的协同过滤推荐方法越来越不能满足各方需求，推荐效果也越来越不尽如人意。 一些较大型的企业能够通过自建的电子商务平台获取用户的本体情境和信任关系情境信息，它们具备应用改进协同过滤推荐方法的条件。 为了提高推荐质量水平，向用户提供更好的个性化推荐服务，本书设计了一种基于协同过滤思想的个性化推荐模型，利用用户的本体情境信息对用户进行聚类，以此再对用户进行细粒度划分。 在推荐过程中，需要考虑用户偏好程度的差异及用户信任关系对相似性计算产生的影响。 针对协同过滤相似性计算不足这一问题，本书提出一种基于资源扩散思想衡量用户相似性的新方法。 最后根据商品得分的高低进行排序，产生推荐列表。

2）复杂情境下基于社会网络协同过滤的个性化推荐方法研究

用户在社会网络中的位置关系及其强度都会影响用户的网络行为，社会网络关系强度是研究当前社会化网络下用户行为的重要内容之一。 社会网络关系强度是指社交网络用户之间的信任与亲密程度，可以通过用户之间的交互行为与社交网络相关信息计算获取，其具体描述了具有直接关联关系的用户间的联系紧密性。 一般来说，用户之间交互越频繁，关系强度就越强；兴趣爱好相同或相似，交互主题相近，关系强度会越强；随着时间的推移，经常互动的用户之间的关系强度可能会越来越强，而长期不互动的用户之间的关系强度可能会越来越弱。 所以，用户间的关系强度会受到社交网络用户的相似性、交互频率、交互时的情感倾向及时间等因素的影响。 社会网络关系是相对稳定的，而社会网络关系的互动性是动态的。互动性是通过对互动活动中的点赞、评论、转发、分享和交流等网络行为进行"支持"与"不支持"的语义划分，并计算相同情感倾向所占的比例来衡量的。 本书所提出的社会网络关系强度的计算方法中融合了社会化网购相似性、社交网络互动性和社会群组相似性等。

1.3.1.3　个性化推荐之混合推荐研究

1）复杂情境下基于资源扩散视角的个性化推荐方法研究

目前，在业界应用最为广泛的个性化推荐方法依然是协同过滤推荐方法。原因在于该方法基于的模型简单易懂，对推荐对象没有特殊要求，能处理半结构化和非结构化的复杂数据；在推荐过程中，善于发现用户新的兴趣，且最终的推荐效果能满足企业和用户的基本需求，对电子商务用户的转化率有一定的提升作用。但其缺点也非常突出，容易受到数据稀疏性和冷启动问题的影响，导致推荐效果不佳。很多学者对该方法进行了改进，但效果的提升大多是依赖融入多种情境因素的影响而实现的。由于缺乏这些情境数据，许多中小企业无法体验改进方法的实际效果。为了解决协同过滤存在的问题，以及在不增加用户维度情境信息的同时又能提高推荐质量水平，便于企业在实际应用中发挥最佳作用，本书设计了一种基于二部图资源非均匀扩散的个性化推荐模型，并考虑了用户—商品节点具有的不同吸引力，得出用户—商品节点可获得不同的资源的结论。通过两步的资源扩散，商品节点得到经过计算后的最终资源，根据这些资源的多少进行排序，生成面向目标用户的推荐结果。

2）复杂情境下融入社会网络情境的个性化推荐方法研究

多维数据的交叉利用和社会推荐一直是个性化推荐研究的难点。现今越来越多的电子商务平台加入了社交功能，而社交平台加入了电子商务功能。这种社交网络与电子商务的逐渐融合使得用户情境信息更加丰富，基于此产生的个性化推荐结果也更加精准。本书设计了一种基于社会网络情境的个性化推荐模型，将用户的个体特征、个人偏好、用户之间的社会关系及时间因素的影响结合在一起，根据用户的本体情境信息对用户进行聚类，再融入用户之间的社会关系因素，最后采用矩阵分解的方法生成推荐结果。

3）复杂情境下基于情境和主体特征融入性的多维度个性化推荐方法研究

主体特征指从用户基本注册信息、情境信息和用户网络行为信息等方面来表达用户兴趣。用户基本注册信息是对用户自身属性的描述，其包括用户在注册时填写的用户名、年龄、职业和教育背景等相对静态的信息。

用户的情境信息是指在某一活动过程中所涉及的特定信息，例如，IP 地址和时间。用户网络行为信息是指用户在进行网络行为过程中所访问的网页主题，所搜索的关键词，所点击、保存、关注和点评的内容等动态信息。本书将主体特征和情境融入主体兴趣模型之中，构建了融入主体特征与情境的个性化推荐模型。

本书的创新之处：

（1）在研究视角上同时考虑了用户和企业的需求。在以往的基于情境的个性化推荐研究中，研究者会基于纵向结构，思考有效的推荐方法；再根据相关情境因素的影响，构建推荐模型。虽然经过实验数据的验证，证明了上述方法的有效性和高效性，但不能很好地应用于所有企业。在本书中，笔者考虑了企业的实际情况，进行方法上的创新，希望研究成果可以得到更好的应用。

（2）通过对用户历史行为数据的选取设定，简化用户兴趣漂移问题的处理机制。事实上，用户所处的复杂情境对用户的兴趣影响非常大。对用户情境的分析在一定程度上已间接处理了用户的兴趣漂移问题。本书更多地从实际情况入手，采用时间窗动态控制用户历史数据的兴趣漂移处理方法处理用户的兴趣漂移问题。

（3）在个性化推荐策略的研究中，将复杂情境因素融入其中，针对不同企业的实际需求，设计相应的个性化推荐方法。本书对企业进行了粗粒度的划分，深入探讨关联规则下的个性化推荐，并相应提出五种改进的个性化推荐方法：复杂情境下基于用户本体情境及信任关系的个性化推荐方法，复杂情境下基于社会网络协同过滤的个性化推荐方法，复杂情境下基于资源非均匀扩散视角的个性化推荐方法，复杂情境下融入社会网络情境的个性化推荐方法，复杂情境下基于情境和主体特征融入性的多维度个性化推荐方法研究。

1.3.2　本书结构安排

本书以电子商务用户个性化推荐服务为研究视角，探讨电子商务领域中个性化推荐策略在不同应用场景下的有效性和高效性；分析不同的推荐方法的优缺点及复杂情境因素对这些方法的影响；面对不同企业的需求，选取应用最为广泛的推荐方法，对其进行深入分析，并提出相应的改进建议。本书的研究成果能为我国电子商务环境下个性化服务的实施提供必要的理论指导和实践支持。

本书是针对复杂社会情境下个性化推荐模型、方法及应用的学术研究专著。全书共分八章，章节安排如下。

第1章：绪论部分。综述了个性化推荐方法的研究背景、意义和研究进展，并描述了全书的概貌，起到了导引的作用，并且通过对主要研究内容的概述，引出本书的研究思路和采用的主要研究方法。

第2章：理论部分。第一，主要介绍了与个性化推荐方法相关的理论，为个性化推荐的成因提供理论依据。第二，通过对国内外相关研究的大量查阅、梳理和评述，引出个性化推荐的相关理论和相关外延知识。第三，针对常见的个性化推荐方法进行系统性的梳理和概述，分析其发展现状及存在的不足，为后文提出的个性化推荐方法奠定扎实的基础。

第3、4、5、6章为方法篇。分别从已有的方法、笔者改进的方法这2个方面入手对个性化推荐方法进行深入的阐述。

第3章：个性化推荐方法综述。详细介绍基于协同过滤的推荐方法、基于二部图和知识的推荐方法及其他推荐方法。

第4章：关联规则推荐方法。基于关联规则的推荐方法是个性化推荐方法研究的一个重要分支。其主要基于关联规则技术，关注用户行为，通过产品的"频繁关联"向用户推荐相应关联产品。本章主要围绕关联规则设计了基于有序复合策略的数据流最大频繁项集挖掘模型和一种改进过的关联规则的评价方法与度量框架。

第5章：协同过滤推荐方法。随着用户情境的复杂化，传统的协同过滤推荐方法越来越不能满足需求。为了提高推荐质量水平，提供更好的个性化推荐服务，本书设计了2种基于协同过滤思想的个性化推荐模型：基于用户本体情境和信任关系的个性化推荐方法和基于社会网络协同过滤的个性化推荐方法。

第6章：混合推荐方法。社交网络与电子商务的融合使得用户信息维度更加丰富，基于此产生的个性化推荐结果也更加精准。 本书设计了 3 种面向社会网络情境的个性化推荐方法：基于资源非均匀扩散的个性化推荐方法、融入社会网络情境的个性化推荐方法及基于情境和主体特征融入性的多维度个性化推荐方法。

第 7 章：应用篇。 主要介绍了个性化推荐方法的应用案例。 案例一，基于设计商品流行性与声望强度分析、社会网络关系及社交网络口碑分析和兴趣偏好强度分析等 3 个方面构建了基于社交网络协同过滤的社会化电子商务推荐模型。 案例二，将推荐策略应用于移动商务环境下的基于LBS（Location Based Service，基于地理位置服务）的折扣商品推荐中，针对该服务设计了一个完整的系统框架和流程。 再通过一个实例来分析个性化折扣商品推荐的实现过程。

第 8 章：总结与展望。 对复杂情境下的个性化推荐方法与应用进行归纳总结，阐述本书研究的价值和创新之处及管理启示，并对本书研究的局限进行说明，最后对未来的研究工作进行展望。

1.4　参考文献

[1] ABOWD G D，DEY A K，BROWN P J，et al．，1999．Towards a better understanding of context and context-awareness [C] ．Huc'99 Proceedings of International Symposium on Handheld ＆ Ubiquitous Computing．

[2] BROWN P J，BOVEY J D，CHEN X，1997．Context-aware applications：from the laboratory to the marketplace [J] ．IEEE personal communications，4（5）：58-64．

[3] DEMEO P，NOCERA A，TERRACINA G，2010．Recommendation of similar users，resources and social networks in a social internetworking scenario [J] ．Information sciences，181（1）：1285-1305．

[4] GUO G，ZHANG J，YORKE-SMITH N，2015．Leveraging multiviews

of trust and similarity to enhance clustering-based recommender systems [J]. Knowledge-based systems, 74 (1): 14-27.

[5] HSIA T L, WU J H, LI Y E, 2008. The e-commerce value matrix and use case model: a goal-driven methodology for eliciting B2C application requirements [J]. Information & management, 45 (5): 321-330.

[6] JAVARI A, GHARIBSHAH J, JALILI M, 2014. Recommender systems based on collaborative filtering and resource allocation [J]. Social network analysis and mining, 4 (1): 1-11.

[7] JEONG B, LEE J, CHO H, 2010. Improving memory-based collaborative filtering via similarity updating and prediction modulation [J]. Information sciences, 180 (1): 602-612.

[8] LIANG T P, HO Y T, LI Y W, 2011. What drives social commerce: the role of social support and relationship quality [J]. International journal of electronic commerce, 16 (1):69-90.

[9] LI Y, LU L, FENG L X, 2005. A hybrid collaborative filtering method for multiple-interests and multiple-content recommendation in e-commerce [J]. Expert systems with applications, 28 (1): 67-77.

[10] MILICEVIC A K, NANOPOULOS A, IVANOVIC M, 2010. Social tagging in recommender systems: a survey of the state-of-the-art and possible extensions [J]. Artificial intelligence review, 33 (3): 187-209.

[11] NI Y, XIE L, LIU Q Z, 2010. Minimizing the expected complete influence time of asocial network [J]. Information sciences, 180 (1):2514-2527.

[12] PAN W K, YANG Q, 2013. Transfer learning in heterogeneous collaborative filtering domains [J]. Artificial intelligence, 197 (1): 39-55.

[13] RANGANATHAN C, GANAPATHY S, 2002. Key dimensions of

business-to-consumer web sites [J]. Information & management, 39 (6): 457-465.

[14] SCHILIT B N, THEIMER M M, 1994. Disseminating active map information to mobile hosts [J]. IEEE network, 8 (5): 22-32.

[15] 琚春华, 鲍福光, 2012. 基于情境和主体特征融入性的多维度个性化推荐模型研究 [J]. 通信学报, 33 (9A):17-27.

[16] 孟祥武, 胡勋, 王立才, 等, 2013. 移动推荐系统及其应用 [J]. 软件学报, 24 (1): 91-108.

[17] 陶彩霞, 谢晓军, 陈康, 等, 2013. 基于云计算的移动互联网大数据用户行为分析引擎设计 [J]. 电信科学, 29 (3):30-35.

[18] 张海燕, 孟祥武, 2012. 基于社会标签的推荐系统研究 [J]. 情报理论与实践, 35 (5):103-106.

[19] 赵华, 林政, 方艾, 等, 2011. 一种基于知识树的推荐算法及其在移动电子商务上的应用 [J]. 电信科学 (6): 54-58.

第 2 章

个性化推荐相关理论概述

2.1 消费者定位理论与显示性偏好理论

2.1.1 消费者定位理论

1969 年，营销战略家杰克·特劳特（Jack Trout）在《工业营销》杂志上发表了论文《定位：同质化时代的竞争之道》，首次提出了商业中的"定位（Positioning）"观念。 定位理论的提出让人们逐渐认识到消费者需求的差异性可以通过不同的产品定位来满足。 定位理论的产生，源于人类各种信息传播渠道的拥挤和阻塞，可以归结为信息爆炸对商业运作的影响结果。 科技进步和经济社会的发展，几乎把消费者推到了无所适从的境地。市场定位的实质是使本企业和其他企业严格区分开来，使消费者明显感觉和认知到这种差别，从而在消费者心目中留下特殊的印象。

1996 年，杰克·特劳特和史蒂夫·瑞维金在《新定位》一书中总结和归纳了消费者的五大心智模式，该心智模式的提出推动了个性化服务的快速发展。他们认为，定位要从一个实体项目开始。这个实体项目可以是一件商品、一项服务、一个组织甚至一个人。定位理论的核心内容可以概括为"一个中心两个基本点"，一个中心是"打造品牌"，两个基本点是"竞争导向"与"消费者心智"。

在电子商务时代，企业通过自建的电子商务平台或者第三方电子商务平台提供大量的商品给消费者。从消费者的角度而言，虽然丰富的商品让消费者有更多的选择，但通常消费者无法通过屏幕一眼就了解所有的商品，也无法直接检查商品的质量，想要充分了解这些商品需要占用相当多的时间。所以，消费者需要一种电子购物助手，能根据消费者自己的兴趣爱好推荐消费者可能感兴趣的商品。无论是电子商务企业还是传统企业，个性化推荐方法都能够帮助其在日趋激烈的竞争环境下快速准确地发现用户的潜在需求，满足用户的差异化特征。另外，个性化推荐的出现也能解决用户面临的"资源过载"和"信息迷向"等问题，帮助个人用户快速、准确地从海量的信息中获取有用的内容。综上所述，个性化推荐研究有着极大的必要性。

2.1.2 显示性偏好理论

显示性偏好理论（Revealed Preference Theory）作为消费者行为学中的重要理论之一，是由美国经济学家保罗·萨默尔森（P. Samuelson，1948）提出的，其基本精神是消费者在一定价格条件下的购买行为暴露了或显示了他内在的偏好倾向。因此，对于网络购物消费而言，可以根据消费者的在线消费行为来分析消费者的兴趣偏好。显示性偏好理论不基于"偏好关系（效用函数）—消费者选择"的逻辑思路，而是基于一个相反的过程，即"消费者选择—偏好关系"。该理论实际上遵循了一个假设前提，即消费者是理性的，也就是说，消费者会选择购买那些对自己效用最大的商品。

显示性偏好理论所强调的是可以通过消费者的行为反映消费者的偏

好。 从消费者的角度出发，虽然其购买行为决策会受到外界诸多因素的影响，但是占主导地位的还是消费者纯粹的心理需求。 事实上，心理学研究已经表明，引起人的动机的因素是人所体验到的某种未满足的需要，换而言之，人们采取相应的行为是为了满足自身本质需求。 在现实生活中，消费者大多是因为偏好某产品，才采取相应的行动。 从企业的角度出发，企业想要为细分市场提供更好的产品和服务，就必须了解该细分市场中消费者的特征和实际需求，要具备对消费者需求变化做出及时响应的能力。 企业通常会对消费者的行为数据进行细致深入的分析，剖析消费者的兴趣爱好，以此预测消费者的需求变化等。 个性化推荐服务的出现正是利用消费者的历史行为数据，借助一定的方法或工具对其进行分析建模，评估消费者的偏好，并为目标用户推荐可能喜欢的商品。 因此，显示性偏好理论表明了个性化推荐方法的合理性和科学性。

2.2 社会网络理论与社会化推荐模型

2.2.1 社会网络理论

社会网络理论（Social Network Theory）一般被认为是始于 20 世纪 30 年代，发展于 20 世纪 70 年代。 从 30 年代到 70 年代，"社会网络"的概念在社会学、心理学，以及数学、统计学、图论等不同的学科领域内不断被深化，学术界针对其逐渐建立了一套系统的理论、方法和技术。 但是，直到 80 年代它才开始被广泛应用于组织管理与消费者研究领域。

与社会网络密切相关或交叉的理论与方法主要有社会动力学、社会影响理论、二级传播理论、弱联结优势理论、强联结优势理论和结构洞理论等。 社会动力学是指一系列利用物理学中的粒子交互思想及数学建模等方法对社会现象或社会行为进行的系统的研究。 从根本上讲，社会动力学的主要研究对象和目的与社会行为选择密切相关。 社会影响关系着社会网络的传播方式和作用结果。 社会影响理论是关于社会群体对群体内个人的情绪、意见或者行为等产生影响的现象的理论。 社会影响指的是他人的态度或观点会影响个人的决策，社会影响理论也被广泛地用来解释人的行为。组织行为学和社会心理学对社会影响的研究主要从情绪感染和一致性 2 个方面来考虑。 情绪感染是个体或群体的态度有意识或无意识地对其他个体或群体的兴趣或行为产生影响的过程。 理性行为理论认为，个人的行为意向受到社会规范的影响。 小世界网络理论与技术扩散模型研究者认为，用户采纳决策行为除了受个人性格和技术特点的影响外，还会受到社会网络内其他个体及其互动情况的影响。 二级传播理论研究的是一种意见从媒介到舆论领袖到受众，再从受众到媒介的过程。 该理论指出，大众传播只有通过舆论领袖的中介作用才能发挥影响。"社会网络"这个概念强调：每个行动者与其他行动者有或多或少的关系。 社会网络分析就是针对节点间关系与结构建立相应的模型，力图描述社会关系的结构，并研究这种结构对社会关系功能或者内部个体的影响。 社会网络理论主要涉及关系和结构 2 个要素及其相关问题。 围绕这些问题，逐渐形成了强弱联结、社会资本、结构洞等三大社会网络理论。 强弱联结理论表明了社会网络中的关系强度会影响口碑的传播效果。 强弱联结理论主要包括弱联结优势理论、嵌入性信任和强联结优势理论。 结构洞理论最早由美国著名社会学家伯特（Burt）于 1992 年提出。 所谓结构洞是指在社会网络中的某个或某些个体和有些个体发生直接联系，但与其他个体不发生直接联系、无直接联系或关系间断（Disconnection）的现象。 社会网络中某些个体之间缺少直接联系，而是通过第三者建立间接联系，他们之间存在的缺口被称为"结构洞"，而关键的第三者就占据了这个结构洞。 判断是不是结构洞一般有 2 个标准：凝聚性（Cohesion）和对等性（Equivalence）。

2.2.2 社会化推荐

随着社会网络分析与数据挖掘等领域研究的结合，社会化推荐逐渐成为一个热门的研究方向。 在传统的基于用户或商品协同的推荐方法和系统中，往往会因为数据稀疏性和冷启动等问题，导致推荐效果不佳。 由于用户和商品数据量大且信息不完整，会产生数据稀疏性问题；而新用户进入系统会产生冷启动问题。 社会网络分析能够增加额外的关系数据，可以有效缓解数据稀疏性和冷启动问题。 随着社会网络的发展和社交媒体的普及，传统的依赖于单因素影响形成的用户相似度或商品相似度的推荐方法和系统已经不能满足用户的实际需求。 人们在购物决策时，除了商品自身的功能和形式外，还受到社会网络环境的影响，尤其是在消费者情感性需求实现方面与社会网络关系密切的情况下。 社会网络结构中的信息能够扩散，实际是基于社会心理学中人与人之间的信任。 信任的朋友的意见是可以影响个体决策的，朋友的信息推荐在一定程度上提升了推荐的成功率，因此很多学者把社会网络特征加入到个性化推荐中，通过创建图模型结构来衡量用户与用户间信任的程度，并以此完善推荐模型。 在社会化推荐方法的研究中，很多学者率先基于传统的协同过滤方法提出了社会网络协同过滤推荐方法。

社会网络中的信息传递与扩散实际是基于人与人之间的信任而实现的。 通过社会网络分析方法，计算关系强度，探究网络结构，建立基于社会网络协同的用户相似模型，可以有效凝聚相似用户，解决数据稀疏性和冷启动问题。 因此，有些学者把社会网络特征融入个性化推荐中，并以此完善推荐系统。

2.3 情境感知与兴趣漂移

随着电子商务在人们日常生活中普及与深入，消费者对如何更便捷、快速地获取他们所需的信息资源提出了更高的要求，传统的个性化推荐方法在某些场景下的推荐效果已不尽如人意。 与此同时，泛在计算（Ubiquitous Computing）概念的提出及泛在商务（Ubiquitous Commerce）这种新的商务模式的兴起，使广大学者充分认识到消费者所处的环境信息会对其消费决策产生重要的影响。 因此，基于社会网络情境的个性化推荐研究越来越受到重视。

2.3.1 情境感知服务

所谓情境感知就是通过传感器及其相关的技术使计算机设备能够"感知"到当前的情境信息。通常情境信息的类型或者特征可以归纳成四个层面：身份、位置、状态和时间。身份主要指为每一个实体分配的唯一标识符，通过唯一标识符可以明确与目标对象一一对应的信息；位置指的不仅仅是二维平面上的一个坐标，更是一种实体空间的关系信息；状态是指实体固有的一些能被计算机感知到的属性；时间指的是情境发生的时间值，具有连贯性和可追溯性。情境感知的应用领域非常广泛：在信息检索领域的应用中，情境信息可以包括与关键词关联的各类主题、用户主动性的检索任务等，还可以包括和用户相关的当前时间、位置和设备状态等；在移动领域的应用中，情境信息可以定义为位置、日期、季节、温度和用户的情绪状态等，诸如基于地理位置的服务的质量很大程度取决于这些情境信息；在电子商务领域的应用中，情境信息也可以包括时间、季节、位置、天气、周围人员和用户购买意图等，特别是移动电子商务对情境信息的依赖更大；在电影、音乐和图像等多媒体领域的应用中，情境信息同样可以包括时间、位置、周围人员、情绪、设备类型和社会化网络等。

随着学术界对情境感知研究的不断深入，其应用领域也在不断扩大：Lilien et al.（1992）提出，顾客的决策制订规则各不相同，原因在于使用情况不同，购买商品或服务的目标不同（为家庭、当作礼物、自用），购买环境不同（目录销售，在商店货架上的选择，销售人员辅助购买）。因此，准确地预测顾客偏好依赖于对相关情境信息的掌握情况。Liu et al.（2011a）基于"旅游者—季节—地区"情境模型研究旅游推荐系统，利用季节信息进行数据过滤，而后采用协同过滤推荐方法对旅游产品进行排序。杨君等（2013）基于 Adomavicious 所提出的情境预过滤模式，在过滤评分数据时进行情境相似性计算，所筛选的数据不仅包含与当前情境相同的记录，而且涵盖了与当前情境相似性最高的若干信息。Palmisano et al.（2008）对消费者的购买意图进行分析，并归纳为相应的情境信息，指出不同的购买意图将导致不同的用户行为。Bieber et al.（2011）利用手机内置的加速度传感器和麦克风采集用户的相关数据，并识别其行为。 通过麦克风采集的声音数据可以分析出当时的噪声级别，推断用户所处的环境甚至正在进行的活动，以此辅助加速度数据，进一步确认用户的行为及行为的强度。 Chang et al.（2012）充分利用了移动设备的便携性、不受时空约束等特点，开发了一种基于情境感知的灾难预警系统。 该系统能够实时感知周围环境的变化，收集各类情境信息，由情境感知框架提供情境存储、查询和推理功能，最终实现实时预警的目标。 Al-Bashayreh et al.（2013）设计了一种基于情境感知的病人监控系统，对传统的移动监控系统进行了改进，加入了多维情境感知信息。 该系统通过移动设备中的感应元件捕获病人的相关信息，实现实时监控。 Arnaboldi et al.（2014）设计了一种安装于移动设备的轻型情境感知平台 CAMEO，该平台能够促进移动社会网络在移动端更好地开展工作。 CAMEO 通过收集移动用户之间交互产生的多维上下文信息及社会感知信息帮助用户优化其习惯。 移动社会网络扩展了传统的交互范式，用户们基于移动性及无线网络技术在移动社会网络中分享各自的兴趣、习惯和需求等。 曹怀虎等（2012）提出了一种基于情景感知的移动 P2P 社交网络系统架构，并设计了相应的聚合模型及发现算法。 该系统架构将用户的位置信息、环境特征、运动轨迹等引入聚合算法中，再智能地聚合成潜在的 P2P 社交网络；随后根据用户需求自主发现并匹配合适的社会关系，避免了社交活动的盲目性和随意性。

　　不仅如此，学者们还将情境感知技术应用于个性化推荐服务领域。 在个性化推荐中，不同情境因素会对用户的消费选择造成不同的影响；相同的情境因素也会因为用户的感知差异，产生不同的评价结果。 例如，游客在旅游时，在不同景点，他们的需求会各不相同；不同的游客在相同景点的需求也各有差异。 个性化推荐服务会根据旅客所在景点附近的餐饮、住宿、购物和交通等环境的改变而发生变化。 再如，新闻系统中时间和地点是很重要的情境，有的人对时间和地点敏感，有的人只对时间或地点敏感，而有的人对时间和地点都不敏感。 正由于这样的敏感差异，不同的人在相同的情境下对同一条新闻的评价也有显著区别。 此外，用户的兴趣也不是一成不变的，会随着情境的变化而发生改变，诸如偏好的优先程度会发生变化。场景的复杂使得用户兴趣漂移变得更加频繁，最终导致已有的用户兴趣描述知识失效，准确率降低。

2.3.2　兴趣漂移处理

数据流中的概念漂移（Concept Drift）（Widmer et al.，1996）是指数据流中上下文变化而导致所隐含的目标概念发生变化，甚至是现象规律发生根本性改变，其反映了实际领域的特征变化。由于目标概念漂移的原因及相关的上下文变化常常是隐性的，事先不能预知，基于概念漂移特征发现的数据流挖掘与知识发现成为一项复杂的任务，备受国内外学者的关注并取得了一定的成果。目前的研究有三条清晰的脉络，一是基于渐进式漂移特征发现的挖掘研究，二是基于突变式漂移特征发现的挖掘研究，三是基于渐进式和突变式 2 种漂移（特征发现）的挖掘研究（许翀寰，2011；Yang et al.，2005；Joao et al.，2005；王勇等，2006）。在现实生活中，电子商务领域用户的兴趣主要是通过对用户的浏览、点击、收藏和购买行为的分析预测而得。事实上，用户兴趣的变化是极为复杂的，会随购买时间、购买对象的范围、通货膨胀率、个体背景和环境情境等因素的改变而发生变化，也会根据天气预测规则随季节、地域等因素的改变而发生变化。而且这种变化可能是根本性的改变，也可能是短期改变。诸如用户可能是因为受到某种外部因素的影响，兴趣发生了根本性变化；也可能是因为某些原因在短期内出现了新的偏好，但并不表示该用户的兴趣发生了根本性变化。

针对用户兴趣漂移的处理方式主要包括两大类：第一类并不需要检测用户的兴趣是否发生了漂移，而是认为用户的兴趣一直在发生变化，然后利用兴趣模型的自我更新方法（通常是通过可调节参数的变动来实现的）来不断缓和兴趣漂移给系统带来的负面影响；第二类方法则是明确地检测出用户兴趣漂移发生的位置，然后再根据检测结果对用户兴趣建模进行更新（这类方法的实质也是通过调节模型参数来实现兴趣漂移处理的，只是有了限定条件）。与第一类方法相比，第二类方法多了漂移检测步骤，在计算量上有所增加，但处理效果要好于第一类。但是无论上述哪种方法都不能完全解决兴趣漂移问题。针对上述两类兴趣漂移处理方法，常见的技术可以归纳为 2 种：第一种，时间窗口法（Klinkenberg，2004），由 Widmer 和 Kubat 等提出，他们认为，用户只对最近访问的概念感兴趣，对用户兴趣进行建模时只需要依靠最新的观察数据，即通过移动固定大小的时间窗把过时的兴趣滤除（Widmer et al.，1996）；第二种，遗忘函数法（Koychev et al.，2000），由 Koychev 等人提出，采用基于时间的渐进遗忘机制来跟踪用户兴趣漂移，同一兴趣的特征权值在不同阶段各不相同，随着时间的变化逐渐改变。学者们在研究用户的兴趣漂移时发现，用户兴趣根据变化的快慢可以分为短期兴趣和长期兴趣。针对短期兴趣漂移和长期兴趣漂移有着不同的处理策略。

2.4 参考文献

[1] ARNABOLDI V, MARCO C, FRANCA D, 2014. CAMEO：a novel context-aware middleware for opportunistic mobile social networks [J]. Pervasive and mobile computing, 11: 148-167.

[2] BIEBER G, ANDRE L, CHRISTIAN P, et al., 2011. The hearing trousers pocket-activity recognition by alternative sensors [C]. Proceedings of the 4th International Conference on Pervasive Technologies Related to Assistive Environments, ACM.

[3] HYOKYUNG C, YONGHO K, HYOSIK A, et al., 2012. Context-aware mobile platform for intellectual disaster alerts system [J]. Energy procedia, 16 (B): 1318-1323.

[4] KAZIENKO P, ADAMSKI M, 2007. AdROSA-adaptive personalization of web advertising [J]. Information sciences, 177 (11):2269-2295.

[5] KLINKENBERG R, 2004. Learning drifting concepts：example selection vs. example weighting [J]. Intelligent data analysis, 8 (3): 281-300.

[6] KORPIPPA A P, MNTYJRVI J, KELA J, et al., 2003. Managing

context information in mobile devices［J］. Pervasive computing IEEE, 2（3）:42-51.

［7］ KOYCHEV I, SCHWAB I, 2000. Adaptation to drifting user's intersects［C］. Proceedings of ECML of 2000/ML network shop ML in the New Information Age, Barcelona, Spain: IEEE Press.

［8］ LILIEN G L, KOTLER P, MOORTHY K S, 1992. Marketing models［M］. Englewood: Prentice Hall.

［9］ LIU Q, GE Y, LI Z, et al., 2011a. Personalized travel package recommendation［C］. Proceedings of the 11th International Conference on Data Mining（2011ICDM）, Vancouver, BC.

［10］ MAHMOOD G A, NOR L H, OLA T K, 2013. Context-aware mobile patient monitoring framework development: a detailed design［J］. IERI procedia, 4: 155-167.

［11］ PALMISANO C, TUZHILIN A, GORGOGLIONE M, 2008. Using context to improve predictive modeling of customers in personalization applications［J］. IEEE transactions on knowledge and data engineering, 20（11）:1535-1549.

［12］ SAMUELSON P A, 1948. Consumption theory in terms of revealed preference［J］. Economica, 15（60）:243-253.

［13］ WIDMER G, KUBAT M, 1996. Learning in the presence of concept drift and hidden contexts［J］. Machine learning, 23（1）:69-101.

［14］ 曹怀虎, 朱建明, 潘耘, 等, 2012. 情境感知的 P2P 移动社交网络构造及发现算法［J］. 计算机学报, 35（6）:1223-1234.

［15］ 杰克·特劳特, 史蒂夫·里夫金, 2014. 新定位:定位战略的新进展［M］. 马琳, 施轶, 译. 北京:中国人民大学出版社.

［16］ 琚春华, 鲍福光, 许翀寰, 2014. 基于社会网络协同过滤的社会化电子商务推荐研究［J］. 电信科学, 30（9）:80-86.

［17］ 王勇, 李战怀, 张阳, 等, 2006. 基于相反分类器的数据流分类方法［J］.计算机科学, 33（8）:206-209.

［18］许翀寰，2011.面向用户兴趣漂移的 Web 数据流挖掘算法研究
　　　［D］.杭州:浙江工商大学.

［19］杨君，吴菊华，艾丹祥，2013.一种基于情景相似度的多维信息推
　　　荐新方法研究［J］.情报学报，32（3）：262-269.

第 3 章
个性化推荐方法综述

3.1　基于协同过滤的推荐方法

3.1.1　基于用户协同过滤的推荐方法

协同过滤方法是最早诞生且应用最广泛的一种推荐方法。 其实质是采用最近邻技术，利用用户的历史行为信息计算用户之间的相似性，然后根据计算所得与目标用户相似性较高的用户群对商品的评价加权分值来预测目标用户对其未选择过的商品的喜好程度，最后依据喜好程度的高低进行排序，生成推荐序列并将排名靠前的若干商品推荐给目标用户。 根据实现策略的不同，协同过滤方法分为两类：基于内存（Memory-based Collaborative Filtering）的方法和基于模型（Model-based Collaborative Filtering）的方法。

基于内存的方法也称基于用户的协同过滤方法，它的推荐计算依赖于用户对商品的评价而非商品本身的内容信息，其逻辑顺序是先找到与目标用户具有相似兴趣的其他用户，而后利用商品的打分信息进行相关预测。这里假设存在一个用户集合 $U = \{u_1, u_2, \cdots, u_m\}$，一个商品（对象）集合 $O = \{o_1, o_2, \cdots, o_n\}$，$R_{i,j}$ 表示选定的目标用户 i 对其未选择过的商品 j 的打分，这个打分需要通过与该用户有相似兴趣的用户对该商品的打分预测得到。若 U' 表示与目标用户 i 兴趣相似性最高的用户集合，则预测评分 $R_{i,j}$ 的函数表达形式为

$$R_{i,j} = \frac{1}{m} \sum_{u \in U'} R_{u,j} \tag{3-1}$$

其中，m 为 U' 中用户的数量，该预测计算基于最简单的加权平均。除此之外，还有其他一些基于加权计算的改进。如考虑时间因素的影响，形成的新的表达式为

$$R_{i,j} = \frac{1}{m} \sum_{u \in U'} (R_{u,j} \cdot Q_{u',j}) \tag{3-2}$$

其中，Q 表示一个时间序列，$Q_{u',j}$ 表示用户 u' 对商品 j 产生选择或评价的时间点。公式（3-2）相对于公式（3-1）来说，因融入了时间因素的影响，提高了推荐的精确性。

加权预测评分之外，最重要的就是用户之间的相似性度量。相似性度量，即计算个体间的相似程度，相似性度量的值越小，说明个体间相似性越小，相似性度量的值越大，说明个体差异越小。目前，已有很多种方法可以用于计算个体间的相似程度（Adomavicius et al., 2005；Liu et al., 2010a），其中最常用的 3 种方法为余弦相似性（Cosine Similarity）、皮尔逊相关性（Pearson Correlation）和杰卡德相关系数（Jaccard Similarity Coefficient）。

余弦相似性是用向量空间中 2 个向量夹角的余弦值作为衡量 2 个个体间差异大小的度量值。余弦相似性的表达公式为

$$Sim(i, f) = \frac{\sum_{j \in O(i) \cap O(f)} R_{ij} \cdot R_{fj}}{\sqrt{\sum_{j \in O(i) \cap O(f)} R_{ij}^2} \cdot \sqrt{\sum_{j \in O(i) \cap O(f)} R_{fj}^2}} \tag{3-3}$$

其中，$Sim(i, f)$ 表示用户 i 和用户 f 之间的相似性，$O(i)$ 和 $O(f)$ 分别表示用户 i 和用户 f 选择过的商品的集合，R_{ij} 和 R_{fi} 分别表示用户 i 和用户 f 对商品 j 的打分（评价）。余弦相似性的优点在于从方向上区分差异，但对绝对的数值不敏感，使用余弦相似性这一方法可通过更多地使用用户对内容的评分来区分兴趣的相似和差异程度。正是因为余弦相似性对数值不敏感，即没有考虑用户评分尺度的差异性，所以降低了用户相似性计算结果的精确性。

皮尔逊相关性的出现就是为了解决用户评分尺度差异性的问题，其通过用户评分向量中的每个元素减去该用户对所有项目的平均评分的方法来对计算结果进行修正。皮尔逊相关性是一种线性相关，是用来反映 2 个变量线性相关程度的统计量。在标准公式中用 r 表示向量间的相关系数，用 n 表示样本总量，X，Y 和 X'，Y' 分别表示 2 个向量中元素的观测值和均值。r 描述的是 2 个向量间线性相关强弱的程度，r 的绝对值越大表明相关性越强，绝对值越小表明相关性越弱。

皮尔逊相关性的表达公式为

$$Sim(i, f) = \frac{\sum_{j \in O(i) \cap O(f)} (R_{ij} - \overline{R_i}) \cdot (R_{fj} - \overline{R_f})}{\sqrt{\sum_{j \in O(i) \cap O(f)} (R_{ij} - \overline{R_i})^2} \cdot \sqrt{\sum_{j \in O(i) \cap O(f)} (R_{fj} - \overline{R_f})^2}} \quad (3\text{-}4)$$

其中，$Sim(i, f)$ 表示用户 i 和用户 f 之间的相似性，$O(i)$ 和 $O(f)$ 分别表示用户 i 和用户 f 选择过的商品的集合，R_{ij} 和 R_{fj} 分别表示用户 i 和用户 f 对商品 j 的打分（评价），$\overline{R_i}$ 和 $\overline{R_f}$ 分别表示用户 i 和用户 f 对所有商品的评分的平均值。

杰卡德相关系数最初被用来衡量 2 个集合之间的相似程度，被定义为集合的交集与集合的并集的比值。杰卡德相关系数的表达公式为

$$Jaccard(A, B) = \frac{|A \cap B|}{|A \cup B|} \quad (3\text{-}5)$$

其中，$Jaccard(A, B)$ 表示集合 A 和 B 之间的相似程度，如果集合 A 和 B 均为空集，则定义 $Jaccard(A, B) = 1$。显然 $0 \leqslant Jaccard(A, B) \leqslant 1$，比值越大，表明 2 个数据集越相似。杰卡德相关系数实际上更加适合

于描述具有离散维度特征的向量之间的相似程度。 协同过滤方法中的用户相似性计算，就是利用诸如用户评分信息等离散型的数据进行的，该计算就非常适合采用杰卡德相关系数这一方法。

基于模型的方法同样也是利用历史数据进行预测的，先对用户历史行为数据进行分析，建立用户行为模型，然后通过该模型进行预测。 其方法不是基于一些启发规则进行预测计算的，而是基于统计和机器学习得到的模型进行预测的。 常用的技术包括概率相关技术、极大熵技术、线性回归技术、潜在语义检索技术、聚类技术和贝叶斯网络技术等。

虽然协同过滤方法应用方便，易于计算，推荐结果可解释性强，但也存在诸多不足：①数据稀疏性问题是该方法面临的最普遍的问题，大多数用户只是对极小部分商品进行过评分，这就导致用户—商品评分矩阵非常稀疏，从而用户之间关于相似性的有效计算变得非常困难。 ②冷启动问题。 当一个新用户刚加入平台时，由于没有评价过任何商品，协同过滤方法无法计算其与相邻用户之间的相似性，也就无法为他推荐商品。 同样，当一个商品刚被引入平台时，没有任何一个用户对它进行过评分，该商品也就无法得到推荐。 ③对历史数据的依赖。 协同过滤方法对历史数据具有很强的依赖性，而对那些拥有大量历史记录的用户，协同过滤方法才能发挥最大作用，有比较好的推荐效果。 对那些历史数据比较少的用户的推荐效果比较差。 ④扩展性问题。 随着系统中用户和商品数量的不断增多，数据库变得非常庞大，因此推荐系统的计算量会呈现指数级别的增长，这使得为用户提供的推荐结果的精确性和实时性都会降低。

3.1.2　基于项目内容协同过滤的推荐方法

传统的协同过滤方法只考虑用户评分数据，忽略了用户和项目（商品）本身的诸多特征，如用户的地理位置、性别、年龄，电影的导演、演员和发布时间等。 基于项目内容协同过滤的推荐方法正是为了利用这些信息而诞生的。 该方法起源于信息检索领域，是协同过滤技术的延续与发展，它不需要依据用户对商品（项目）的评价，而是利用资源和用户兴趣的相似性来过滤信息，进而实施相应的推荐。 用户兴趣一般是通过分析用户过去的浏览记录得到的。

基于项目内容协同过滤的推荐方法的具体推荐过程为：先分析用户评价过的项目的内容，提取该项目的特征（用项目特征表示项目），根据项目特征建立用户兴趣模型，即用户描述文件；后对用户未评价过的项目和用户兴趣模型进行相似性计算，最终生成推荐列表。根据用户描述文件（配置文件）的不同可以把基于项目内容协同过滤的推荐划分为基于向量空间模型的推荐、基于关键词分类的推荐、基于领域分类的推荐和基于潜在语义索引的推荐。

基于项目内容协同过滤的推荐方法的优点主要包括：①能为具有特殊兴趣爱好的用户进行推荐；②由于依靠用户或商品的配置文件进行推荐，在很大程度上可以缓解冷启动问题和可扩展问题；③推荐过程直接、简单，推荐结果易于解释。存在的不足：①项目的特征提取能力有限，它受到信息获取技术的制约，即仅适用于产品特征容易抽取的领域，当项目特征很难被一组关键词清晰描述时，此方法就不能较好地被使用；②推荐范围狭窄，这种方法只能推荐与用户已有偏好或购买记录相似的项目（商品），很难为用户发现新的感兴趣项目。

基于项目内容协同过滤的推荐方法的关键在于信息获取和信息过滤。在信息获取中，表征文本最常用的方法就是 TF-IDF（词频-逆文档）方法。该方法计算出文档中权重较高的关键字，并使用这些关键字来描述用户特征；同时将被推荐项中权重高的关键字作为该项的属性特征，然后进行向量之间的相似性计算，将最相近的项目推荐给用户。TF-IDF方法的具体定义描述如下：设有 N 个文本文件，关键词 k_i 在 n_i 个文件中出现，设 f_{ij} 为关键词 k_i 在文件 d_j 中出现的次数，那么 k_i 在 d_j 中的词频 TF_{ij} 的公式为

$$TF_{ij} = \frac{f_{ij}}{\sum_z f_{zj}} \tag{3-6}$$

其中，分母为 d_j 中所有关键词 k_i 出现的次数之和。事实上，在许多文件中同时出现的关键词对表示文件的特性、区分文件的关联性是没有贡献的。因此，TF_{ij} 与这个关键词在文件中出现次数的逆（IDF_i）一起使

用，可以体现出其贡献差异。 IDF_i 的公式为

$$IDF_i = \log \frac{N}{n_i} \qquad (3\text{-}7)$$

由此一个文件 d_j 可以表示为向量 $\boldsymbol{d}_j = （w_{1j}, \ w_{2j}, \cdots, \ w_{kj}）$，其中

$$w_{ij} = \frac{f_{ij}}{\sum_z f_{zj}} \log \frac{N}{n_i} \qquad (3\text{-}8)$$

在基于项目内容协同过滤的推荐方法中，用户描述文件是学者们关注的焦点，用户描述文件构建的优劣对推荐结果的好坏有极大的影响。 目前，学者们在用户描述文件构建方面的研究主要集中在 2 个方面：

（1）将研究重心放在描述文件的自适应过滤及动态更新上。 Martinez et al.（2007）提出了一个柔性语言表示方法，可以用多种语言的词语表示用户的配置文件，从而适应多语言环境中的推荐。 韦向峰等（2011）引入自然语言处理中的文本倾向性分析技术，通过对引证文本的语句语义分析，把语句的语义结构转化为倾向性分析的二元或三元模型，得到引证文本对参考文献的主观评价信息。 结合参考文献中对其他文献的评论指数，本书给出了文献推荐度的计算方法，从而实现了对文献集中的自动分析和推荐服务。

（2）由于用户描述文件是由若干关键词构成的，针对描述文件设计良好的索引方法、构建有效的关键词替换策略也很重要。 Kazienko et al.（2007）设计了名为 AdROSA 的广告推荐系统，利用用户注册信息构建配置文件，并加入用户 IP 地址、浏览行为等。 该系统通过 Web 内容信息和用户配置文件的匹配，将相似度最高的 Web 内容推荐给目标用户。 Chang et al.（2008）区分了用户配置文件中表示用户长期兴趣和短期兴趣的关键词，再通过给短期兴趣的关键词赋予更高的权重，设计新的关键词更新策略，从而降低更新配置文件的代价。 尚燕敏等（2015）提出一种新的朋友推荐方法，该方法同时使用用户兴趣和朋友关系这 2 种因素为目标用户推荐项目（商品），其中采用改进的索引算法 PageRank 实现了相似性度量。

3.2 基于二部图和知识的推荐方法

3.2.1 基于二部图资源分配的推荐方法

基于二部图资源分配的推荐方法（Zhou et al.，2010，Shang et al.，2010；Liu et al.，2011b）是由知名学者周涛在 2007 年提出的。该方法在一定程度上解决了数据稀疏性和冷启动问题，具有较高的推荐精确性和丰富的多样性。该方法最大的特点在于不考虑用户和商品的内容特征，而仅仅把它们看成抽象的节点，利用的信息都藏在用户和商品的选择关系之中。

基于用户—商品二部图资源分配的推荐方法的核心在于资源分配：设有 m 个用户，n 个商品，用户集为 $U=\{u_1, u_2, \cdots, u_m\}$，商品集为 $O=\{o_1, o_2, \cdots, o_n\}$。如果用户 i 选择过商品 j，那么就在 i 和 j 之间产生一条连接边 $a_{ij}=1$（$i=1, 2, \cdots, m$；$j=1, 2, \cdots, n$），反之 $a_{ij}=0$。依此构建用户—商品连接矩阵 $A=\{a_{ij}\}$。其资源分配的过程可分为 2 个步骤：资源先从商品集扩散到用户集，然后再从用户集扩散回商品集。在第一步中，初始化商品集对应的资源集合 $f=\{f_1, f_2, \cdots, f_n\}$。在资源分配过程中，每个节点把自身拥有的资源等分给和它连接的节点，这样在商品集上的资源就转移到了用户集。第二步以同样的方法，将用户集上拥有的资源转移回商品集。此时，商品集对应的资源集合就变成了 $f'=\{f_1', f_2', \cdots, f_n'\}$。整个资源分配过程可用公式表达为 $f'=Wf$，其中 $W=\{w_{tj}\}$，表示商品 j 经过用户集愿意分给商品 t 的资源份额，w_{tj} 的一般表达式可表示为

$$w_{tj} = \frac{1}{\sum\limits_{i=1}^{m} a_{ij}} \sum\limits_{l=1}^{m} \frac{a_{lt} a_{lj}}{\sum\limits_{s=1}^{n} a_{ls}} \tag{3-9}$$

进一步用用户的度和商品的度来进行替换，公式变为

$$w_{tj} = \frac{1}{k(o_j)} \sum\limits_{l=1}^{m} \frac{a_{lt} a_{lj}}{k(u_l)} \tag{3-10}$$

其中，$k(o_j)$表示商品j的度，即该商品被多少用户选择过；$k(u_l)$表示用户l的度，即该用户选择过多少商品。

对于每一个目标用户最终都会得到通过资源扩散后得到的资源分配，其生成的集合为$f'=\{f_1', f_2', \cdots, f_n'\}$，然后将其中的元素按大小进行排序，值越大，说明该用户可能喜欢的概率越大，此时可以把排序靠前的且用户没有选择过的商品推荐给用户。这里生成的面向目标用户u_1的推荐列表为$o'=\{o_4, o_2\}$。

3.2.2　基于知识的推荐方法

基于用户协同过滤、项目内容协同过滤及基于二部图资源分配的推荐方法虽然应用广泛，但是在许多实际情况中不能发挥其优势。比如消费类电子产品的购买，有的涉及大量的单次购买，有的购买周期很长，这类情况下为用户推荐其没有选择过的商品时就不能推荐相似的商品。如果我们不能利用历史购物记录，那就无法发挥协同过滤等推荐方法的优势。而此时，可以用基于知识的推荐方法（Baltrunas et al.，2012；Otebolaku et al.，2015）来辅助其他方法产生推荐结果。

在基于知识的推荐方法中，通常会用到有关当前用户和物品的额外信息。该方法在某种程度上可看作一种推理技术。不同的知识需求使得基于知识的推荐方法有明显的区别，如效用知识（Functional Knowledge）是一种关于项目如何满足用户特定需求的知识，它能解释需要和推荐的关系。用户资料可以是任何能支持推理的知识结构，可以是用户已经规范化的查询，也可以是一个更详细的用户需要表达。

基于知识的推荐方法在产生推荐前会结合一些常识性知识或领域知识来制订一系列的约束规则。如在笔记本电脑领域，会用到笔记本的属性知识，如分辨率、处理器频率、操作系统、重量、价格等。由于不依赖于用户评分数据，基于知识的推荐方法不存在数据稀疏性和冷启动问题，并且它得到的推荐结果往往是根据用户需求和推荐资源的关联性或明确的领域规则产生的。基于知识的推荐方法最大的特点在于它不是建立在用户需要和偏好基础上的推荐，可以不用分析用户的历史行为数据。但有效的推荐往往依赖于大量的领域知识，并且需要知识库来存放这些知识。 因此，构建一个完备的知识库成为基于知识的推荐方法的关键所在。

3.3　其他推荐方法发展

3.3.1　基于关联规则分析的推荐方法

除上述之外，实际应用中还存在其他一些推荐方法，这些方法各有特点。 基于关联规则分析的推荐方法（García et al.，2009；Kim et al.，2011；Ozgur et al.，2012；Preeti et al.，2013）在关联规则挖掘（关联规则挖掘的实质就是从事务集合中挖掘出满足支持度和置信度最低阈值要求的所有规则，即找出大量数据中项集之间有趣的关联或相关关系）基础上，关注用户行为，通过产品的关联联系向用户推荐其他产品。 关联规则统计的是在一个交易数据库中用户购买商品 X 的同时购买了商品 Y 的比例，直观的意义就是了解用户在购买某些商品的时候还会倾向于购买另外哪些商品。 基于关联规则分析的推荐方法最大的特点在于可以发现不同商品在销售过程中的相关性，挖掘出用户潜在的兴趣，满足用户的需求。 在零售行业，该方法已取得了不错的应用效果。

基于效用的推荐方法（Choi et al.，2004；Felferning et al.，2006；Mirzadeh et al.，2007；Rory et al.，2010；Huang，2011；Scholz et al.，2015）是建立在对用户使用项目的效用情况上的，其核心问题是如何为每一个用户创建一个效用函数（效应函数实际上是经济学中的一个概念，它通常用来表示消费者在消费中所获得的效用与所消费的商品组合之间的数量关系，以衡量消费者从消费既定的商品组合中获得满足的程度）。 因此，该推荐方法中的用户资料模型很大程度上是由系统所采用的效用函数决定的。 基于效用的推荐方法的优点是能把非产品的属性，如供应商的可靠性（Vendor Reliability）和产品的可得性（Product Availability）等考虑到效用计算中。

在进行关联规则兴趣度度量方法的研究之前，先要设定关联规则形式

化的描述方式，即

$$A \rightarrow B \qquad (3\text{-}11)$$

其中，$A = \{A_1, A_2, \cdots, A_j\} \subset \boldsymbol{I}$，$B = \{B_1, B_2, \cdots, B_k\} \subset \boldsymbol{I}$，$\boldsymbol{I}$ 为项目集，A_j 和 B_k 是 $\boldsymbol{I}$ 项目集中的项目，且 $A \bigcap B = \phi$，上述规则必须满足一定的支持度阈值 s 与置信度阈值 c 才算成立。

关联规则的兴趣度评价应从多个不同角度进行考虑。而且，对于特定的应用领域，用户所关注的指标也不尽相同。因此，在考虑关联规则的度量指标体系时，也需要考虑具体的应用领域与背景，构建相应的、适合的度量指标。关联规则度量指标的选取应该遵循以下四条原则：①由于关联规则是基于数据的统计显著性而产生的，规则的统计显著性应该在客观度量指标中充分体现。②所选取的度量指标针对用户，必须是可以比较容易地获取相应的数据的。③所选取的度量指标应该可以反映出用户的主观偏好。④关联规则的度量指标应该还要体现出客观的目标，例如收益和成本等。

1）支持度

关联规则 $A \rightarrow B$ 中所涉及的数据域 A 与 B 同时发生的次数占总项集数（总元组个数）的频度就是支持度。一般研究者认为，只有所挖掘的关联规则在总项集中频繁地发生或出现，该关联规则才可能存在比较高的兴趣度及准确度。对关联规则而言，支持度就好比是"群众基础"，只有群众基础足够广泛，该条关联规则才有用。当 A 与 B 同时发生或出现的支持度大于或等于指定的最小支持度阈值时，就可以说 A 与 B 满足了频繁项集的条件，A，B 属于频繁项集。支持度的表示公式如下：

$$s(A \rightarrow B) = P(AB) = N(AB) / |D| \qquad (3\text{-}12)$$

其中，$N(AB)$ 表示 A 与 B 同时发生或出现的记录数，$|D|$ 表示数据集中的总项集数。

虽然支持度是比较经典的关联规则兴趣度度量指标，但也有着比较明显的局限。比如，支持度的阈值是人为设定和控制的，存在受主观因素的影响，以及数据稀疏性导致其普遍过低等问题。这就可能造成数据集中的许多非频繁项集（其支持度小于设定的阈值）有着巨大的潜在价值。

2）置信度

在前驱事件 A 已经发生的条件下出现后继事件 B 的概率 $P(B|A)$ 的统计量就叫作置信度。从定义上看，置信度其实就是条件概率，它是用来度量规则的可靠性的。置信度的公式表示如下：

$$c(A \rightarrow B) = P(B|A) = P(AB)/P(A) \tag{3-13}$$

其中，$P(AB)$ 表示 A 与 B 同时发生或出现的概率，$P(AB)$ 就是支持度；$P(A)$ 表示事件 A 在数据项集中发生或出现的概率，且 $P(A) \neq 0$。

如果 $P(B|A) = P(B)$，也就是说，事件 B 在事件 A 发生的前提下的条件概率就是事件 B 本身的概率；或者 $P(A|B) = P(A)$，也就是说，事件 A 在事件 B 发生的前提下的条件概率就是 A 本身的概率，那么说明事件 A 与事件 B 是相互独立的，互不影响。另外，学者通常会将置信度与支持度进行组合来构建支持度—置信度框架，若规则的支持度不小于支持度阀值，并且其置信度不小于置信度阀值，则该规则被称为强关联规则。但是这种强关联规则不一定有效，有时反而还会出现错误进而造成误导。

3）提升度

正因为支持度—置信度框架在度量挖掘关联规则时有着明显的局限，有研究者对其挖掘出来的关联规则进行了相关性分析研究，进而提出了提升度（$Lift$）的概念。提升度指的是规则的置信度与规则后件发生概率的比值，它可以反映出规则前件与后件之间的正负相关性。在一定程度上，对提升度进行的相关研究可以剔除一些由支持度—置信度框架挖掘所产生的规则中的相关性不大或者相关性有问题的部分。它反映出在考虑事件 A 的条件下事件 B 发生或出现的概率与不考虑事件 A 的条件下事件 B 发生或出现的概率的比值，这一比值反映了事件 A 与事件 B 之间的关系。提升度不存在稀少项集问题，其表示公式如下：

$$Lift(A \rightarrow B) = c(A \rightarrow B)/P(B)$$
$$= P(AB)/P(A)P(B) \tag{3-14}$$

提升度的取值范围为 $[0, +\infty)$。如果提升度等于 1，则表示事件 A 与事件 B 是相互独立的，该规则属于不相关规则；如果提升度小于 1，则

表示事件 A 的出现会降低事件 B 发生的概率，该规则属于负相关规则；如果提升度大于 1，则表明事件 A 的发生会促进事件 B 的发生，该规则属于正相关规则。但是，提升度将事件 A 和事件 B 放在对等位置，即 $Lift(A \to B)$ 和 $Lift(B \to A)$ 是相同的，如果接受了规则 $A \to B$，那么规则 $B \to A$ 也应该被接受。然而事实却未必成立。

3.3.2 基于情境的个性化推荐方法

基于情境的个性化推荐主要集中于基于情境的上下文推荐和基于情境的社会网络推荐。

基于情境的上下文推荐又可以分为基于时间的推荐（Zheng et al.，2011；徐风苓，2011）、基于位置的推荐（Yu et al.，2006；Lee et al.，2008）和基于多维度上下文的推荐（Ahn et al.，2006；Kim et al.，2011；Vico et al.，2011）等。Yu et al.（2006）使用朴素贝叶斯分类方法对移动用户当前的时间上下文进行分类。该研究只考虑了不同时间段下，移动用户的偏好可能不一致，但没有考虑移动用户的偏好会随着时间的推移而发生改变。Lee et al.（2008）考虑了移动用户购买商品的时间及商品上架的时间对其偏好的影响，并且通过将用户购买记录按购买时间的先后顺序进行分组来分析用户偏好如何随时间的推移发生变化。同时，他们还对商品按上架时间进行分组，辅助研究用户受时间影响产生的偏好权重。White et al.（2009）提出一种通过网页日志挖掘用户上下文情境信息的用户兴趣建模方法，其中上下文因素包括交互行为上下文和关联关系上下文。De et al.（2009）设计了一个旅游推荐系统 MyMap。该系统不仅仅考虑了用户的偏好和位置信息，还引入了上下文信息及一些常识性信息。Cranshaw et al.（2010）研究了用户移动轨迹和他们所在的社交网络结构性间的关系，采用位置熵来度量一个位置上独立访客的多样性，并结合位置轨迹和位置共现历史数据，挖掘用户在社交网络中的关系，从而为其推荐合适的朋友。Abdesslem et al.（2011）的研究发现，移动用户对基于位置的服务的配置同时还受周围人员和位置上下文的影响，而时间上下文对服务配置的选择并没有影响。Rendle et al.（2011）将矩阵分解技术应用于快速上下文感知推荐结果生成上，提高了推荐的精确性和实时性。 Shiraki et al.（2011）通过研究位置、时间和天气对移动用户的就餐选择影响，发现此三者因素对移动推荐系统的影响程度存在差异性。

基于情境的社会网络推荐可分为在线社会网络推荐和移动社会网络推荐（Davoodi et al.，2013）。 其中，移动社会网络推荐逐渐成为社会化推荐研究中的新热点。 对在线社会网络推荐的研究侧重于社交网络中的相关推荐研究。 Sinha et al.（2001）描述了朋友推荐和推荐系统推荐产生的结果的接受性，研究表明即使推荐系统给出的结果更好，朋友的推荐也会被认为信任度更高且更容易接受。 人们因对朋友的信任，认为朋友推荐要比机器推荐的效果好（Zhou et al.，2012）。 Eirinaki et al.（2014）提出了一种处理社会网络信任问题的框架。 该框架基于用户的声望机制，通过捕捉社会网络用户之间的显式和隐式关系，并分析这些关系的语义和动态性特征，最后进行个性化推荐。

上述研究为基于情境的个性化推荐方法的研究及发展奠定了扎实的基础，但对用户与用户之间的联系与相互作用考虑不足，对用户本体情境、上下文情境及社会关系情境的融合相对欠缺。 而且研究基本聚焦于模型构建的三元研究，即基本都是基于"基于情境的个性化推荐知识建模—基于情境的用户偏好分析—基于情境的推荐方法"的纵向结构的研究，对横向结构即不同企业需求下的差异化推荐策略的研究尚显不足。

3.3.3 混合推荐方法

协同过滤、基于项目内容及基于知识的推荐方法由于自身的特点，在实际应用中都存在一些缺陷，有学者提出了把多种不同的方法结合起来形成混合方法的解决方案。 在组合方式上，研究人员提出了七种组合思路：①加权（Weight），加权多种推荐方法形成的混合方法；②变换（Switch），根据问题背景和实际情况或要求变换采用不同的推荐方法；③多样（Diversity），同时采用多种推荐方法给出多种推荐结果供用户选择；④特征组合（Feature Combination），组合来自不同推荐数据源的特征并被另一种推荐方法所采用；⑤层叠（Cascade），先用一种推荐方法产生一个粗糙的推荐结果，然后用第二种推荐方法在此推荐结果的基础上进一步做出更精确的推荐；⑥特征扩充（Feature Augmentation），将一种推荐方法产生的附加的特征信息嵌入另一种推荐方法的特征输入；⑦元级别（Meta-level），把一种推荐方法产生的模型作为另一种推荐方法的输入。

目前，最常见的混合推荐方法是将协同过滤和基于项目内容的推荐方法结合使用，或者将这 2 种方法与其他推荐方法混合使用。如布海乔等（2014）提出了一种基于用户评分和用户特征的混合推荐方法。该方法利用虚拟值插补技术对评分矩阵中的缺失值进行填充，并利用皮尔逊相关系数计算相似性。王桐等（2015）针对传统协同过滤算法存在的数据稀疏性、冷启动和时间因素等问题，提出了一种基于柯西分布量子粒子群的混合推荐方法。该方法先构建基于时间因子的混合推荐模型，再利用柯西分布量子粒子群算法搜索模型中的最优参数组合，在搜索中加入用户和项目属性，并同时考虑用户兴趣迁移特性。

3.4　参考文献

[1] ABDESSLEM F B, HENDERSON T, BROSTOFF S, et al., 2011. Context-based personalised settings for mobile location sharing [C]. Proceedings of the RecSys 2011 Workshop on PeMA 2011, Chicago.

[2] ADOMAVICIUS G, TUZHILIN A, 2005. Toward the next generation of recommender systems: a survey of the state-of-the-art and possible extensions [J]. IEEE transactions on knowledge and data engineering, 17 (6):734-749.

[3] AHN H, KIM K J, HAN I, 2006. Mobile advertisement recommender system using collaborative filtering: Mar-cf [C]. Proceedings of the 2006 Conference of the Korea Society of Management Information Systems. The Korea Society of Management Information Systems.

[4] BALTRUNAS L, LUDWIG B, PEER S, et al., 2012. Context relevance assessment and exploitation in mobile recommender systems [J]. Personal and ubiquitous computing, 16（5）:507-526.

[5] CHOISANG H, CHO Y H, 2004. An utility range-based similar product recommendation algorithm for collaborative companies [J]. Expert systems with applications, 27（4）:549-557.

[6] DE C B, MAZZOTTA I, NOVIELLI N, et al., 2009. Using Common sense in providing personalizedrecommendations in the tourism domain [C]. Proceedings of RecSys, 09 Workshop on CARS.

[7] EIRINAKI M, LOUTA M D, VARLAMIS I, 2014. A trust-aware system for personalized user recommendations in social networks [J]. IEEE transactionson systems man, cybernetics: systems, 44（4）: 409-421.

[8] ELNAZ D, KEIVAN K, MOHSEN A, 2013. A semantic social network-based expert recommender system [J]. Applied intelligence, 39（1）:1-14.

[9] ENRIQUE G, CRISTÓBAL R, SEBASTIÁNV, et al., 2009. An architecture for making recommendations to courseware authors using association rule mining and collaborative filtering [J]. User modeling and user-adapted interaction, 19（1-2）:99-132.

[10] HUANG SHIU-LI, 2011. Designing utility-based recommender systems for e-commerce: evaluation of preference-elicitation methods [J]. Electronic commerce research and applications, 10（4）:398-407.

[11] JUSTIN C, ERAN T, JASON H, et al., 2010. Bridging the gap between physical location and online social networks [C]. Proceedings of 12th ACM International Conference on Ubiquitous Computing, ACM: 312-321.

[12] KAZIENKO P, ADAMSKI M, 2007. AdROSA-Adaptive personalization ofweb advertising [J]. Information sciences, 177（11）: 2269-2295.

[13] LEE T Q, PARK Y, PARK Y T, 2008. A time-based approach to effective recommender systems using implicit feedback [J]. Expert systems with applications, 34 (4): 3055-3062.

[14] MARTINEZ L, PÉREZ L G, BARRANCO M, 2007. A multigranular linguisticcontent-based recomm endation model: research articles [J]. International journal of intelligent systems, 22 (5): 419-434.

[15] MICHAEL S, VERENA D, MARKUS F, et al., 2015. Measuring consumers' willingness to pay with utility-based recommendation systems [J]. Decision support systems, 72 (c): 60-71.

[16] MIRZADEH N, RICCI F, 2015. Cooperative query rewriting for decisionmaking support and recommender systems [J]. Applied artificial intelligence, 21 (10): 895-932.

[17] OTEBOLAKU M A, ANDRADE T M, 2015. Context-aware media recommendations for smart devices [J]. Journal of ambient intelligence and humanized computing, 6 (1):13-36.

[18] OZGUR C, MURAT E A, 2012. A recommendation engine by using association Rules [J]. Procedia-Social and behavioral sciences, 62 (62): 452-456.

[19] PREETI P, UMESH D, 2013. A stock market portfolio recommender system based on association rule mining [J]. Applied soft computing, 13 (2):1055-1063.

[20] RENDLE S, GANTNER Z, FREUDENTHALER C, et al., 2011. Fast context-aware recommendations withfactorization machines [C] // Proceedings of SIGIR' 11. New York: ACM Press.

[21] RORY L, SIE L, MARLIES BITTER-RIJPKEMA, et al., 2010. A simulation for content-based and utility-based recommendation of candidate coalitions in virtual creativity teams [J]. Procedia computer science, 1 (2):2883-2888.

[22] SHANG M, LÜ L, ZHANG Y-C, et al., 2010. Empirical analysis

of web-based user-object bipartite net works [J]. Europhysics letters, 90 (4): 1303-1324.

[23] SHIRAKI T, ITO C, OHNO T, 2011. Large scale evaluation of multi-mode recommender system using predicted contexts with mobile phone users [C]. Proceedings of the RecSys 2011 Workshop on CARS 2011, Chicago.

[24] SINHA R R, SWEARINGEN K, 2001. Comparing recommendations made by onlinesystems and friends [C]. DELOS Workshop: Personalisation and Recommendersystems in Digital Libraries.

[25] SOMAYEH K, JUNTAE K, 2013. Using structural information for distributed recommendation in a social network [J]. Applied intelligence, 38 (2): 255-266.

[26] VICO D G, WOERNDL W, BADER R, 2011. A study on proactive delivery of restaurant recommendations for android smartphones [C]. Proceedings of the RecSys 2011 Workshop on PeMA 2011, Chicago.

[27] WHITE R W, BAILEY P, CHEN L, 2009. Predicting user interests from contextual information [C]//Proceedings of SIGIR'09, New York: ACM Press.

[28] YONG S K, BONG-JIN Y, 2011. Recommender system based on click stream data using association rule mining [J]. Expert systems with applications, 38 (10): 13320-13327.

[29] ZHENG Y, ZHANG L, MA Z, et al., 2011. Recommending friends and locations based on individual location history [J]. ACM transactions on the web, 5 (1): 1-44.

[30] ZHOU T, KUSCSIKV Z, LIU J G, et al., 2010. Solving the apparent diversity-accuracy dilemma of recommender systems [J]. PNAS, 107 (10): 4511-4515.

[31] ZHOU X, XU Y, LI Y, et al., 2012. The state-of-the-art in

personalized recommendersystems for social networking [J]. Artificial intelligence review, 37 (2):119-132.

[32] 布海乔, 张佳芸, 高媛, 2014.基于用户评分与用户特征相结合的混合推荐算法 [J].山东农业大学学报（自然科学版）, 45S: 39-42.

[33] 尚燕敏, 张鹏, 曹亚男, 2015.融合链接拓扑结构和用户兴趣的朋友推荐方法 [J].通信学报, 36 (2):1-9.

[34] 王桐, 曲桂雪, 2015.基于柯西分布量子粒子群的混合推荐算法 [J].中南大学学报（自然科学版）, 46 (8):2898-2905.

[35] 韦向峰, 张全, 2011.基于文本倾向性分析的文献推荐服务研究 [J].情报学报, 30 (11):1136-1144.

[36] 徐风苓, 孟祥武, 王立才, 2011.基于移动用户上下文相似度的协同过滤推荐算法 [J].电子与信息学报, 33 (11):2785-2789.

第 4 章

个性化推荐方法之关联规则分析推荐

基于关联规则分析的推荐方法是个性化推荐方法中的一个重要分支。该类方法基于关联规则技术，关注用户行为，通过产品的"频繁关联"向用户推荐相应关联产品。 关联规则统计的是用户在一个交易数据库中，在购买了商品 X 的同时购买了商品 Y 的比例，这一比例直观的意义就是了解用户在购买某些商品的时候还会倾向于购买另外哪些商品。 基于关联规则分析的推荐方法最大的特点在于可以发现不同商品在销售过程中的相关性，挖掘出用户潜在的兴趣，满足用户的需求。 在零售行业，该方法已取得了不错的应用效果。 本章主要围绕关联规则设计了基于有序复合策略的数据流最大频繁项集挖掘模型和一种改进过的关联规则的评价方法与度量框架。

4.1 基于有序复合策略的数据流最大频繁项集挖掘

随着数据挖掘技术的不断进步，其热点逐步从静态数据集挖掘转向动态数据流挖掘。 数据流是一种连续、高速、无限、时变的有序数据序列。数据流挖掘中很重要的一个方面是关于频繁项集的挖掘，衡量此类挖掘算法的 2 个重要指标是算法的时间效率和空间效率。 根据项集间的相互关系，频繁项集可分为完全频繁项集、闭合频繁项集和最大频繁项集。 相对于完全频繁项集和闭合频繁项集，最大频繁项集的数目最少。 由于最大频繁项集中隐含了所有频繁项目集，无论从时空效率还是挖掘应用上来说，对其挖掘都具有重大意义。

目前，挖掘最大频繁项集的算法，大多是基于经典的 FP-tree 算法进行改进或者遵循其思想进行衍生的。 FP-tree 算法具有较高的效率，特别适合结构化数据的挖掘。 由于 FP-tree 中的项是按照支持度由高到低的顺序排列的，构建 FP-tree 需要两遍扫描数据集。 而数据流的特点要求挖掘算法必须是单遍扫描数据集的，这就不能把这些基于 FP-tree 的最大频繁项集算法简单地应用到数据流挖掘中。

4.1.1　相关研究与问题描述

1）数据流关联规则挖掘

关联规则是指形如 $X{\rightarrow}Y$ 的蕴涵式，其中 X 和 Y 分别为关联规则的先导（Antecedent 或 Left-hand-side， LHS）和后继（Consequent 或 Right-hand-side， RHS）。 其目的是发现交易数据库中不同商品（项）之间的联系，这些规则有利于找出顾客的购买行为模式。

2）数据流聚类挖掘

聚类（Clustering）是指针对一个已给的数据对象集合，将其中相似的对象划分为一个或多个组（称为"簇"，Cluster）的过程，是一种无监督学习算法。 目前，数据流聚类算法主要包括 LOCALSEARCH 算法、STREAM 算法和 CluStream 算法等。 LOCALSEARCH 算法是基于分治的思想的，使用一个不断的迭代过程实现在有限空间内对数据流进行 K-means聚类。 STREAM 算法是一个单遍扫描的基于 K-means 的流聚类算法，它致力于解决 K-中位数问题（K-medians），即把度量空间中的 n 个数据点聚类成 k 个簇，使得数据点与聚类后的簇之间的误差平方和

（SSQ）最小。 它采用批处理方式，每次处理的数据点个数受内存大小的限制。 CluStream 算法是一种基于用户指定的、联机聚类查询的演化数据流聚类算法。 它首次把数据流看成一个随时间变化的过程，而不是一个整体进行聚类分析。 该算法首先使用一个在线的微聚类（Micro-cluster）过程对数据流进行初级聚类，并按一定的时间跨度将微聚类的结果以一种被称为金字塔形时间窗口（Pyramid Time Frame）的结构储存下来。 同时，通过另一个离线的宏聚类（Macro-cluster）过程，根据用户的具体要求对宏聚类的结果进行再分析。 该算法有很好的可扩展性，可产生高质量的聚类结果，尤其是在数据流随时间变化较大时，会比其他算法产生更高质量的聚类结果。

3）数据流分类挖掘

分类是一种有监督学习算法，是指把一些新的数据项映射到给定类别中的某一个类别。 基本方法包括决策树归纳、贝叶斯分类、贝叶斯网络和神经网络等。 传统的算法都是建立在训练样本是随机采样且服从一定的统计分布的前提下，在数据量很小的情况，大部分算法是内存驻留算法。 而数据流的变化非常快，且具有非统计特性，当前的结果很可能与未来数据值没有任何关系，因此传统的分类算法不能很好地应用于数据流挖掘。

目前，数据流分类方面主要引用 P. Domingos 和 G. Hulten 的研究成果（Domingos，2000；Hulten，2001），他们提出了一种改进的 Hoeffding 决策树分类算法 VFDT（Very Fast Decision Tree）。 VFDT 算法在速度和精度方面具有很多优点，它使用信息熵选择属性，通过建立 Hoeffding 决策树来进行决策支持，并使用 Hoeffding 处理高速数据流，有效地突破了时间、内存和样本对数据挖掘的限制。 VFDT 算法不仅具有实时特性，还可以对数据集进行二次扫描，因此方便应用于大数据集的分类。 但 VFDT 算法的主要作用是对具有统计分布特征的流数据进行分类，不能反映数据随时间变化的趋势。 因此，Domingos 和 Hulten 在文献（Domingos，2000；Hulten，2001）中对 VFDT 算法进行改进，提出了 CVFDT（Concept-adapting Very Fast Decision Tree）算法。 CVFDT 算法除了保留了 VFDT 算法的快速和较准确的特性之外，还针对具有非统计特性的流数据，引入了滑动窗口技术：当新样本到来时通过观察某些统计量的变化，随时更新样本，不断适应数据分布的改变，使得算法更好地应用于高速流数据的分类。Peano Count Tree（P-tree）是另一种决策树模型（Ding，2002），用于空间流数据的分类分析，它在流数据的处理分析及决策树的构建上具有较高的性能。

4）窗口模型和最大频繁项集

已有的最大频繁项集挖掘算法包括 MaxMiner，DMFI，DMFIA，FPMax*，FPMFI，FMGMFI，FPMFI-DS，FPMFI-DS＋，GenMax，MinMax 和 SmartMiner 等（Gouda，2001；Song，2003；Grahne，2003；Wang，2003；Zhou，2002；颜跃进，2005；陆介平，2005；敖富江，2009）。其中，MaxMiner，DMFI 和 DMFIA 属于挖掘最大频繁项集的宽度优先算法。GenMax，MinMax 和 SmartMiner 属于挖掘最大频繁项集的深度优先算法。FPMax* 将 FP-tree 的数据结构与数组及其他优化技术相结合，并且针对每个条件模式建立一个 MFI-tree 来检验一个频繁项集是否为最大频繁项集。FPMFI 使用基于投影进行超集检测的机制，有效地缩减了超集检测的时间。FMGMFI 算法可方便地从各局部 FP-tree 的相关路径中得到项目集的频度，同时采用自顶向下和自底向上的双向搜索策略，有效地降低网络通信代价。以上算法主要应用于高速挖掘静态数据集，不适用于挖掘动态数据流。FPMFI-DS 是一种基于文法顺序 FP-Tree 的最大频繁项集单遍挖掘算法。该算法采用混合顺序的搜索空间项顺序策略，该策略既满足数据流挖掘算法的单遍性要求，又有利于缩小算法的搜索空间。FPMFI-DS＋是在线更新挖掘数据流滑动窗口中最大频繁项集的算法。FPMFI-DS 和 FPMFI-DS＋这 2 种算法可以应用于数据流最大频繁模式的挖掘，但需要超集检验，时空效率有一定损失。

界标窗口模型是最早被使用的一种窗口模型，该模型总是关注整个数据流中的数据，并通过对整个历史数据进行分析得到全局性的频繁模式。滑动窗口模型适合于仅对当前数据感兴趣的应用，因为关注点总是被放在最近发生的若干事务上。在滑动窗口模型中，挖掘的结果是某段时间内的局部频繁模式。算法仅维护并挖掘宽度为 $|W|$ 的当前窗口。衰减模型窗

口中，每个事务对应一个权值，而且这个权值随时间的增加而减少。 因此，它能在这些权值的控制下考虑历史数据相关信息的保存及裁剪等工作。

令 t 表示任一时间戳，a_t 表示在该时刻到达的数据元素，则数据流可以表示为 $\{\cdots,\ a_{t-1},\ a_t,\ a_{t+1},\ \cdots\}$。 通常数据流上的频繁项集与特定的窗口相关。 设 W 为数据流上的某个窗口，定义项集 X 在该窗口中的支持度为 $Sup\ (X)=D_x/\mid W\mid$，其中 D_x 为该窗口中包含项集 X 的事务数，$\mid W\mid$ 为窗口的宽度或窗口中的事务总数（琚春华等，2010）。 对于给定的最小支持度 $\min\_sup$（$0<\min\_sup<1$），该窗口中的频繁项集和最大频繁项集的定义为（Li，2005）：

定义 1：给出窗口 W 和最小支持度 $\min\_sup$，项集 $X\subseteq I$，若 $Sup\ (X)\geqslant \min\_sup$，称项集 X 为该窗口中的频繁项集。

定义 2：给出窗口 W 和最小支持度 $\min\_sup$，项集 $X\subseteq I$，若 $Sup\ (X)\geqslant \min\_sup$，且对于 $\forall\ (Y\subseteq I\wedge X\subset Y)$，均有 $Sup\ (Y)<\min\_sup$，称项集 X 为该窗口中的最大频繁项集。

4.1.2 A-MFI 算法

1）相关定义

定义 3：给定最小支持度阈值 S 和允许偏差因子 ε，$\mid w\mid$ 表示基本窗口中的事务数，窗口 w 中项目集 X 的支持数记为 $f_w\ (X)$，若 $f_w\ (X)\geqslant S\mid w\mid$，则称 X 为窗口 w 中的频繁项目集；若 $S\mid w\mid>f_w\ (X)>\varepsilon\mid w\mid$，则称 X 为窗口 w 中的临界频繁项目集；若 $f_w\ (X)\leqslant\varepsilon\mid w\mid$，则称 X 为窗口 w 中的非频繁项目集。

定理 1：以 $S-\varepsilon$ 为最小支持度阈值获取各个基本窗口中的频繁模式，就可以保证该频繁模式是滑动窗口 W 中的频繁项集，并且误差不超过 ε。

证明：设滑动窗口 W 含有 k 个基本窗口，$W=\{w_1,\ w_2,\ \cdots,\ w_k\}$。 $\mid w_k\mid$ 表示一个基本窗口的长度，即包含的事务数，$\mid W\mid$ 表示滑动窗口的长度，给定最小支持度阈值 S 和允许偏差因子 ε，若 X 在滑动窗口 W 中是频繁的，在 i 个基本窗口 w_i 内是频繁项集，即 $f_{wi}\ (X)\geqslant S\mid w_i\mid$；在 j 个

基本窗口 w_j 内是非频繁项集，即 $f_{wj}(\boldsymbol{X}) \leqslant S\,|\,w_j\,|$，且 $i, j \in [1, k]$，$i+j=k$。因为 $f_W(\boldsymbol{X}) \geqslant S\,|\,W\,|$，$f_W(\boldsymbol{X}) = \sum\limits_{i=1}^{k} f_w(\boldsymbol{X}) = \sum f_{ui}(\boldsymbol{X}) + \sum f_{wj}(\boldsymbol{X})$，对于 $\boldsymbol{X}$ 的支持度估计值 $f_W'(\boldsymbol{X}) = \sum\limits_{i=1}^{k} f_{ui}(\boldsymbol{X}) = f_W(\boldsymbol{X}) - \sum f_{wj}(\boldsymbol{X}) \geqslant S\,|\,W\,| - \sum \varepsilon\,|\,w_j\,| = (S-\varepsilon)\,|\,W\,|$，即实际值和估计值的误差小于 ε。因此，以 $S-\varepsilon$ 为最小支持度阈值获取各个基本窗口中的频繁模式，就可以保证该频繁模式是滑动窗口 W 中的频繁项集，并且误差不超过 ε。

定义 4: 树 T 是单遍扫描数据集建立的 FP-tree，p_1 和 p_2 是树中同层的 2 个结点，若 p_1 在 p_2 的左边且满足偏序关系 $p_1 > p_2$，则称 T 为有序 FP-tree。

2）算法描述

（1）采用基本窗口获取数据流片段信息。设定 ε 为允许偏差因子，取 $S-\varepsilon$ 为最小支持度阈值，单遍扫描基本窗口中的事务数据集，得到按支持度由高到低排序（当支持度相等时，按一定的文法顺序排序，通常按字典顺序）的一项集头表及剔除非频繁元素的频繁项目集列表。该频繁项目集列表的特征简述为：频繁项目集列表中的项目集按项目模式的长度排序，长度相同时，按首字母排序（首字母的顺序遵循头表中的排序）；项目内元素按支持度高低排序。

（2）创建有序 FP-tree 的根结点 root，初始化为 null，将频繁项目集列表中的项目依次插入该树中。插入时，递归调用 insert_tree（[i|I]，T）方法，其中 i 指向当前插入的项目，I 为剩余的项目集列表，T 为有序 FP-tree，初始状态 T 指向根结点 root。生成自调整有序 FP-tree 后，进行混合子集剪枝，合并同一分支中支持数相等的邻接结点，压缩生成有序复合 FP-tree。

说明：插入方式遵循构建 FP-tree 的方法，又有别于 FP-tree 的构建法。差异点：按频繁项目集列表中的项目顺序依次插入。新项目插入，遇到结点不同时并不直接产生分支，而是继续搜索当前路径，向下比较。

比较的原则为：设当前搜索到的结点为 i，待插入结点为 j，若 j 与 i 不相同，且 j 在头表的位置位于 i 的下方，则向 i 的子树搜索，直至找到相同结点或搜索到的结点在头表中的位置位于 j 的下方时才停止。最后产生分支。

结点调整方式：在依次插入的过程中，对上一次插入的结点进行调整。设同一路径中两结点为 i，j。i 是 j 的父结点，若 j 的支持数大于 i 的支持数，则进行调整，将 i 的父结点作为 j 的父结点，i 作为 j 的孩子结点。

性质：混合子集剪枝。在搜索空间中，令 x 为已经被搜索过的结点，y 位于 x 的右边，为当前正在考察的结点。设以 x 为后缀的项集为 I_x，y 为后缀的项集为 I_y。若 $I_y \subset I_x$，I_x 和 I_y 中包含相同元素的子集分别为 X_1，Y_1，有 $Sup(X_1) \geqslant \min\_sup$ 且 $Sup(X_1) \geqslant Sup(Y_1)$，则子集 Y_1 包含的结点都可以被剪枝掉。

与 FP-tree 结点不同，有序 FP-tree 的每个结点由 $4+m$ 个域组成：值域 item；项目元素的总支持数域 count；连接父结点的域 ahead；连接孩子结点的域 next；m 个基本窗口项目元素对应的支持数域为 f_1，f_2，…，f_m。虽然构建的有序 FP-tree 经混合子集剪枝后的存储结构比 FP-tree 复杂，但换来的是搜索效率的大幅提高。最后压缩生成的有序复合 FP-tree 的存储结构与 FP-tree 相当，但搜索效率进一步提高。

（3）采用 E-MFI（）方法进行最大频繁项集的挖掘，将结果存储在 MFP-tree [ ] 中；对新到达的基本窗口或者离开当前滑动窗口的旧事务，算法采用"增量更新"的更新挖掘方法进行处理。

搜索有序复合 FP-tree 中最大频繁项集的基本思想为按支持度由低到高的顺序处理自调整有序复合 FP-tree 中的每一层结点，在同一层则按照从左向右的顺序处理。由于有序复合 FP-tree 的结构特性，搜索到第一个支持度大于最小支持度的结点时，即停止对该结点的前缀结点进行最小支持度的比较，直接将该结点及它的前缀结点存于 MFP-tree [ ] 中。对新存储进 MFP-tree [ ] 的最大频繁项集不需要进行超集检验。

说明：某结点 j 有孩子结点，且 j 的支持数大于或等于最小支持数，但其孩子结点的支持数之和不等于 j，则不将该孩子结点计入由父结点构成的最大频繁项集中。

3）构建有序复合 FP-tree

有序复合 FP-tree 的压缩步骤：从根节点 root 开始，采用深度优先搜索。在同一分支上，某结点 i 若有唯一孩子结点 j，且 j 的总支持数等于 i 的总支持数，则将 i 和 j 合并（合并时，将结点 i 作为新的复合结点，在该结点中添加一位值域位，用于存放 j 值域的内容，其余 $3+m$ 个域的内容不变）。合并后删除结点 j，原 j 的孩子结点作为新复合结点 i 的孩子结点。

4）最大频繁项集挖掘方法 E-MFI（）

定理 2：对有序复合 FP-tree 中任意 2 个项目集中的 I_j 和 I_k，若 I_j 位于 I_k 的上方，则以 I_k 为后缀的项集可能是以 I_j 为后缀的项集的超集，但一定不是以 I_j 为后缀的项集的子集。

证明：因为有序复合 FP-tree 中的结点是按头表中的顺序插入的，所以定理 2 显然成立。

定理 3：对有序复合 FP-tree 中任意结点链上的 2 个结点 p_1 和 p_2，若 p_1 位于 p_2 的左侧，则 I_{p_1} 可能是 I_{p_2} 的超集，但一定不是 I_{p_2} 的子集。

证明：根据有序 FP-tree 的结构可知，I_{p_1} 和 I_{p_2} 一定不完全相同，即不可能成立（$I_{p_1} \subseteq I_{p_2}$）$\wedge$（$I_{p_2} \subseteq I_{p_1}$），两者存在的包含关系只可能是（$I_{p_1} \subset I_{p_2}$）$\vee$（$I_{p_2} \subset I_{p_1}$）。结点链上 p_1 和 p_2 的位置关系存在 2 种情况：p_1 位于 p_2 的下方或 p_1 与 p_2 同层。关于第一种情况，由定理 2 可知成立，又 p_1 位于 p_2 的左侧，一定有 $I_{p_2} \subset I_{p_1}$；第二种情况，I_{p_2} 与 I_{p_1} 含有相同数目的元素，不存在包含关系。

定理 4：在有序复合 FP-tree 中搜索到的第一个频繁项集一定是最大频繁项集。如果为该最大频繁项集标记，则接下来搜索到的未标记的一个频繁项集也一定是最大频繁项集，以此类推，因此不需要超集检验。

证明：设搜索到的第一个频繁项集为 I，由定理 3 知该频繁项集一定是最大频繁项集。

调用 E-MFI（）方法挖掘最大频繁项集，并将结果保存在 MFP-tree [ ] 中，算法伪代码如下：

输入：有序复合 FP-tree，最小支持度阈值 S。

输出：MFP-tree [ ] 中存储最大频繁项集。

Function E-MFI（FP-tree，S，MFP-tree）。

（1）初始化所有结点的标志位 p. tag＝0；

（2）head＝root；

（3）MFP-tree [ ] ＝null；

（4）i＝0；

（5）for 遍历有序复合 FP-tree 的叶子结点；

（6）{m [ ] ＝null；n [ ] ＝null；

（7）令 p 指向最底层结点上从左往右的第一个结点；

（8）while p≠head；

（9）{if （p. count≥S and p. count＝＝p'. count'） // p' 为 p 的孩子结点，count' 为孩子结点的计数

（10）{while （p≠head）

（11）{p. tag＝1；m [ ] ＝m∪p. item；p＝p. ahead；}

（12）break；}

（13）else{n [i] ＝n∪p. item；p＝p. ahead；}

（14）}

（15）MFP-tree [ ] ＝MFP-tree∪m [ ] ；i＝i+1；

（16）p 按从左向右的顺序指向新的叶子结点；}

（17）for （int j＝0；j＜i；j＋＋）

（18）{if （i 个项集中含相同一项集或以上项集的支持数和大于 S）

（19）{MFP-tree [ ] ＝MFP-tree∪n [i] ；}else { MFP-tree [ ] ＝MFP-tree∪n；} }

5）增量更新

新基本窗口到达时，调用已有算法进行扫描，更新项目头表和频繁项目集列表，并最终更新调整有序复合 FP-tree 及 MFP-tree [ ] 中的最大频繁项集。设新进入频繁项目集列表的事务为 D，D 中包含临界频繁项目 I_D，MFP-tree [ ] 中包含最大频繁项目 I_X，删除的旧事务中包含项目 I_Y。

（1）更新有序复合 FP-tree。

遍历树中的每一个结点，更新结点的域，删除旧窗口的 f 域，修改结点的 count 值；如果结点不存在，则在相应的位置插入新结点，并进行剪枝。

（2）更新 MFP-tree [ ] 中的最大频繁项集。

添加、删除事务时，若 $I_X \not\subset I_D$，且 $I_X \not\subset I_Y$，则最大频繁项集 I_X 就不需要更新，因为 I_X 的支持度在添加和删除事务后没有发生变化。 出现除此之外的情况，就需要对最大频繁项集 I_X 进行更新，更新时采用 E-MFI（ ）方法获得新的最大频繁项集。

4.1.3　数据集及实验环境

实验的硬件平台是 Core（TM） Duo2.93GHz CPU，3GMBMemory，320GB Dell PC 机，操作系统是 Windows 2003 Server。 软件平台采用 Matlab 7.8，语言环境采用 matlab 语言和 java 语言，因为 matlab 可以很好地调用 java 程序。

A-MFI 算法的实验数据来源于 IBM Almaden Quest 生成器生成的数据集，该数据集为稀疏数据集。 事实上，Web 上的商业购物篮数据通常也是稀疏的，本章采用 IBM Quest 生成器生成的稀疏数据集更符合实际情况。

JPStream 算法的实验数据来源于国家某统计数据和证券交易数据流。统计数据（图 4-1）仅测试 JPStream 算法对静态数据集的聚类效果，并对比 Clementine 1 2 和 Weka 3.7 的实验结果。

证券交易数据流用来测试 JPStream 对并行数据流的聚类效果。 该数据来源于同花顺股票交易软件，包含 1 000 只股票信息，时间为 2009 年 1 月 30 日至 2010 年 1 月 30 日。

用户兴趣漂移算法的实验数据来源于使用 200 个网络爬虫 Heritrix 从 Internet 上收集得到的蕴含 "动作" "科幻" "情感" 的电影主题的页面数据。

地 区	食品	衣 着	居 住	家庭设备用品及服务	医疗保健	交通和通信	教育文化娱乐服务	杂项商品和服务
北 京	4934.05	1512.88	1246.19	981.13	1294.07	2328.51	2383.96	649.66
天 津	4249.31	1024.15	1417.45	760.56	1163.98	1309.94	1639.83	463.64
河 北	2789.85	975.94	917.19	546.75	833.51	1010.51	895.06	266.16
山 西	2600.37	1064.61	991.77	477.74	640.22	1027.99	1054.05	245.07
内蒙古	2824.89	1396.86	941.79	561.71	719.13	1123.82	1245.09	468.17
辽 宁	3560.21	1017.65	1047.04	439.28	879.08	1033.36	1052.94	400.16
吉 林	2842.68	1127.09	1062.46	407.35	854.8	873.38	997.75	394.29
黑龙江	2633.18	1021.45	784.51	355.67	729.55	746.03	938.21	310.67
上 海	6125.45	1330.05	1412.1	959.49	857.11	3153.72	2653.67	763.8
江 苏	3928.71	990.03	1020.09	707.31	689.37	1303.02	1699.26	377.37
浙 江	4892.58	1406.2	1168.08	666.02	859.06	2473.4	2158.32	467.52
安 徽	3384.38	906.47	850.24	465.68	554.44	891.38	1169.99	309.3
福 建	4296.22	940.72	1261.18	645.4	502.41	1606.9	1426.34	375.98
江 西	3192.61	915.09	728.76	587.4	385.91	732.97	973.38	294.6
山 东	3180.64	1238.34	1027.58	661.03	708.58	1333.63	1191.18	325.64
河 南	2707.44	1053.13	795.39	549.14	626.55	858.33	936.55	300.19
湖 北	3455.98	1046.62	856.97	550.16	525.32	903.02	1120.29	242.82
湖 南	3243.88	1017.59	869.59	603.18	668.53	986.89	1285.24	315.82
广 东	5056.68	814.57	1444.91	853.18	752.52	2966.08	1994.86	454.09
广 西	3398.09	656.69	803.04	491.03	542.07	932.87	1050.04	277.43
海 南	3546.67	452.85	819.02	519.99	503.78	1401.89	837.83	210.85
重 庆	3674.28	1171.15	968.45	706.77	749.51	1118.79	1237.35	264.01
四 川	3580.14	949.74	690.27	562.02	511.78	1074.91	1031.81	291.32
贵 州	3122.46	910.3	718.65	463.56	354.52	895.04	1035.96	258.21
云 南	3562.33	859.65	673.07	280.62	631.7	1034.71	705.51	174.23
西 藏	3836.51	880.1	628.35	271.29	272.81	866.33	441.02	335.66

图 4-1　部分统计数据

4.1.4　实验测试与结果分析

A-MFI 算法可以应用于静态数据集最大频繁项集挖掘和动态数据流最大频繁项集挖掘。为了评估 A-MFI 算法的性能，我们分两组进行测试。实验中涉及的参数为 S 和 ε，需要人为设定。在 Web 商业应用中，对两者的设定一般不是固定的，而是根据实际情况相应设置。

1）S 和 ε 的选定

设置参数时，需参考众多文献资料。这些文献资料显示，S 和 ε 的选择都会遵循一个相关性原则。当 S 较小时，允许偏差因子 ε 也相应较小。通常在实验中我们会控制 ε 在 $0.1S$ 和 $0.3S$ 之间，这样的选择是为了更符合实际应用的需要。

2）两组实验测试

（1）静态数据集测试。

将 A-MFI 算法与 FPMFI-DS 算法及经典的 FPMax* 算法相比较。由 Almaden Quest 生成数据集 $T20I5D100K$，其中 $|T|$ 表示数据集中事务的平均长度，$|I|$ 表示频繁项集的平均长度，$|D|$ 表示总的事务数目，这里为 $100K$。S 的取值范围为 0.002 到 0.008，ε 取值为 $0.2S$，结果如图 4-2、4-3

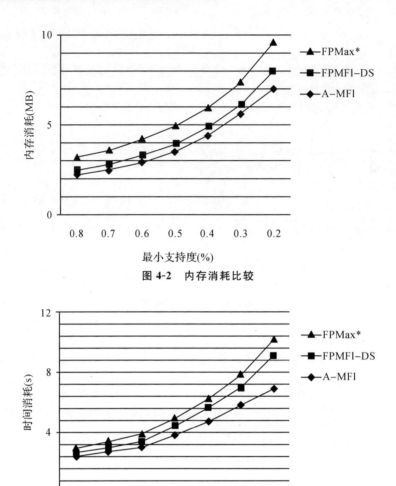

图 4-2　内存消耗比较

图 4-3　时间消耗比较

所示。 从图中我们发现，当支持度阈值 S 在较小的范围内变化时，内存消耗和时间消耗会快速增加，这是因为挖掘的最大频繁项集数量急剧增多。从对比实验图中可看出，在静态数据集挖掘中，A-MFI 算法较优。

（2）动态数据流测试。

将 A-MFI 算法与 FPMFI-DS＋算法相比较。 设置滑动窗口的宽度 $|W|$ 为100 000，基本窗口内数据为 5 000，A-MFI 算法和 FPMFI-DS＋算法持续处理基本窗口内增量更新的数据。 数据也由 Almaden Quest 生成。

实验采用数据集 $T15I5D100K$。设最小支持度阈值为 S，允许偏差因子 ϵ 为 $0.2S$，图 4-4、4-5 给出了在该数据流下，2 个算法的时间消耗和内存消耗的比较情况。因为数据动态更新，每次挖掘的数据量比静态数据集少，所以消耗的内存和时间也相对较少。同样可以从对比实验图中看出，在动态数据流挖掘中，A-MFI 算法较优。

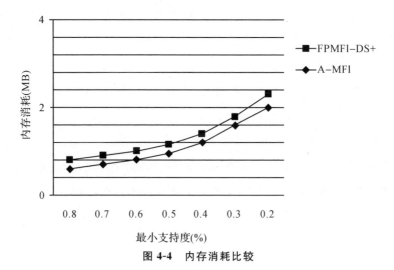

图 4-4　内存消耗比较

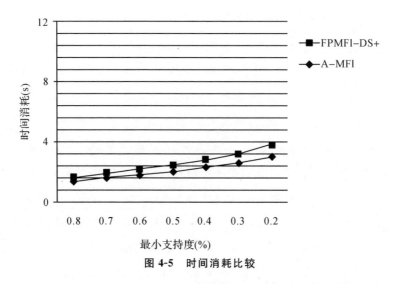

图 4-5　时间消耗比较

4.2　关联规则的评价方法改进与度量框架

关联规则挖掘是数据挖掘和知识发现领域的一个重要课题，常用于个性化推荐和组合推荐。但是，就评价关联规则是否存在意义的依据，即兴趣度的度量方法，实践界和理论界都还没有确定统一有效的方法。传统的关联规则兴趣度度量方法包括支持度-置信度框架、提升度、有效度、改善度、信任度和卡方分析方法等。这些传统的兴趣度度量方法都存在着各自的缺陷。本章首先通过比较研究，分析了关联规则客观兴趣度度量的相关成果的性能及优缺点；进而，针对它们的不足，提出了 2 种比较有效的关联规则度量方法（ Bi-$lift$，Bi-$Improve$ ）；然后，结合效用函数和规则产生的成本 $Cost(A{\rightarrow}B)$，提出基于收益的关联规则兴趣度函数，这在一定程度上考虑了主观偏好与特殊的应用目标；最后，通过数据分析得到，提出的新的度量方法比传统方法在实用性和有效性等方面更好。

4.2.1　相关研究与问题描述

在大数据时代，可以涌现大量的规则。但因为资源的限制，决策者仅可选择他们认为的最有价值的一部分规则进行实践。如何选取有价值的关联规则及评价关联规则的标准是什么也就成了研究热点和关键点。

近几年，对关联规则的评价标准方面的研究已经取得了不少的成果，如对关联规则的兴趣度度量方法的研究主要包括客观与主观等方面（Geng，2006）。客观兴趣度主要是研究大量数据的显著统计特征，例如比较经典的支持度、置信度和提升度等，也有相对比较新的信任度、有效度、改善度和卡方分析方法等。刘永利（2010）同时考虑了客观的兴趣度度量和用户的主观偏好，将 AHP-Electre Ⅱ 方法用于规则排序，完成关联挖掘与决策分析的集成。Toloo et al.（2009）运用不同的数据包络分析方法，对一个规则集进行评价，对结果进行比较后发现，即使是同一规则集，在运用不同的度量方法对其进行分析时，得到的结果也会出现一定差异。 能否在大量的数据中挖掘出用户真正感兴趣的有意义的关联规则是研究者和实践者的共同目标。

目前，传统的关联规则评价方法还存在着一些缺陷：①传统的关联规则算法可以产生大量的规则，但是其中会有许多规则是无效的甚至是错误的（张光卫，2006；琚春华，2013）。 ②在大数据时代，随着网络用户和网上商品的数量的剧增，网上交易量也急剧上升，但是出现了交易数据和用户评价数据被稀释的现象（即稀疏性问题）。 ③正因为存在数据稀疏性问题，所以在寻找有价值的关联规则时一般需要设置比较低的支持度-置信度阈值，否则一些被大量数据隐藏着的超具价值的关联规则会被过滤掉，低支持度的规则可能会提供一些用户感兴趣的新知识。 但是，如果支持度一置信度阈值设置过低，会产生组合爆炸问题，即产生太多的关联规则。 ④没有考虑关联规则的价值性与成本、用户的特性与兴趣的变化等因素，但是这些因素都会影响关联规则的有效性。 ⑤目前，现有的一些相关研究只是简单地将不同的兴趣度度量方法进行组合来评价关联规则，但是没有涉及各个方法的合理性与作用性。

4.2.2 关联规则客观兴趣度度量指标与比较

在进行关联规则兴趣度度量方法的研究之前，先要设定关联规则形式化的描述方式，具体见 3.3.2 中公式（3-11）的描述。

表 4-1 所示的事务数据是由某购物商城发生交易后产生的商业小票数据抽取转化而来，每一行（即一个元组）表示一条购物清单数据（也就是购物小票）。 属性（Items）表示每一条购物清单上涉及的具体消费项目。表 4-2 所示的数据是由表 4-1 转化而来的，其中"0"表示清单上没有该项目，即没有发生该项目的交易；"1"表示清单上有该项目，即发生了该项目的交易。

表 4-1 一组事务数据

Tid	Items
1	E, F, G, H, I, J, K, M

续　表

Tid	Items
2	E,F,H,I,J,K,M,L
3	E,F,H,N,I
4	E,F,G,N,R,J,M,L
5	E,F,G,N,R,J
6	E,F,G,N,R,M
7	E,F,K,N
8	E,F,G,R,I
9	E,G,H,N
10	E,G,J,R

表 4-2　交易事务数据集

Tid	E	F	G	H	I	J	K	L	M	N	R	Total
1	1	1	1	1	1	1	1	0	1	0	0	8
2	1	1	0	1	1	1	1	1	1	0	0	8
3	1	1	0	1	1	0	0	0	0	1	0	5
4	1	1	1	0	0	1	0	1	1	1	1	8
5	1	1	1	0	0	1	0	0	0	1	1	6
6	1	1	1	0	0	0	0	0	1	1	1	6
7	1	1	0	0	0	0	1	0	0	1	0	4
8	1	1	1	0	1	0	0	0	0	0	1	5
9	1	0	1	1	0	0	0	0	0	1	0	4
10	1	0	1	0	0	1	0	0	0	0	1	4
Total	10	8	7	4	4	5	3	2	4	6	5	58

关于支持度、置信度和提升度在 3.3.1 中已详细叙述，这里不再介绍。

1）有效度

2003 年，湖南大学的罗可和吴杰等研究了一种新的关联规则兴趣度量方法，称作有效度。有效度［$Validity(A{\rightarrow}B)$］被定义为在某个项目集

中事件 A 和事件 B 同时发生或出现的概率减去在该项目集中事件 A 不发生而事件 B 发生的概率。

$$Validity(A \rightarrow B) = P(AB) - P(\overline{A}B) \qquad (4-1)$$

由于 $P(AB)$ 和 $P(\overline{A}B)$ 的取值区间都是 [0, 1]，有效度的取值区间是 [-1, 1]。本章的研究发现，该有效度事实上并不有效。

以表 4-1 为例，规则 $F \rightarrow G$，支持度为 0.5，其有效度为 0.5-0.2 = 0.3，根据有效度的衡量标准可以判定，规则 $F \rightarrow G$ 是一个非常有效的关联规则，事件 F 的发生促进了事件 G 的发生，使其发生的概率提高了 30 个百分点。但是，通过计算规则 $F \rightarrow G$ 的提升度 $Lift(F \rightarrow G) = P(FG)/P(F)P(G) = 0.89 < 1$，以及 $P(FG) - P(F)P(G) = 0.5 - 0.8 \times 0.7 = -0.06$，这都说明了事件 F 与事件 G 具有一定的负相关性。而且 $P(G) = 70\% > P(G|F) = 62.5\%$，也说明事件 G 在事件 F 发生的前提下发生的条件概率反而低于 G 本身的概率，降低了 7.5 个百分点。

2）改善度

许多文献在研究传统兴趣度描述与度量方法存在着明显局限的背景下，陆续提出了一些新的关联规则兴趣度度量的方法，其中有一种被称为改善度（$Improve$）（李永新，2011）。改善度的基本定义是在事件 A 发生的前提下发生事件 B 的条件概率 $P(B|A)$ 与事件 B 发生的全概率之差。改善度的表达公式如下：

$$Improve(A \rightarrow B) = P(B|A) - P(B) \qquad (4-2)$$

改善度的意义就在于研究"前件 A 的发现会对后件 B 的发生造成多少影响"。但是，这种度量方法也存在着很明显的问题，就是不明确概率提高多少算是改善，而且前件发生的概率大小会影响改善度的评价效果。当前件发生的概率比较大时，改善度度量标准就会出现偏差，因为本章研究发现，在这种情况下改善度值始终很小。下面通过一个例子来说明这种情况，数据如表 4-3 和表 4-4 所示。

表 4-3 事件 *A* 与 *B* 的发生情况

	事件 *B* 发生	事件 *B* 不发生	合计
事件 *A* 发生	8 000	1 000	9 000
事件 *A* 不发生	500	500	1 000
合计	8 500	1 500	10 000

表 4-4 事件 *C* 与 *D* 的发生情况

	事件 *D* 发生	事件 *D* 不发生	合计
事件 *C* 发生	3 600	700	4 300
事件 *C* 不发生	3 700	2 000	5 700
合计	7 300	2 700	10 000

对于规则 $A \rightarrow B$ 和规则 $C \rightarrow D$ 的改善度，计算过程如下：

$$Improve(A \rightarrow B) = P(B \mid A) - P(B) \approx 0.04 \qquad (4\text{-}3)$$

$$Improve(C \rightarrow D) = P(D \mid C) - P(D) \approx 0.11 \qquad (4\text{-}4)$$

仅从改善度值而言，规则 $C \rightarrow D$ 比规则 $A \rightarrow B$ 更有意义。但事实上，在事件 *A* 发生的条件下事件 *B* 发生的概率比在事件 *A* 不发生的条件下事件 *B* 发生的概率提高了约 39%，即 $P(B \mid A) - P(B \mid \overline{A}) \approx 0.39$。而在事件 *C* 发生的条件下事件 *D* 发生的概率比在事件 *C* 不发生的条件下事件 *D* 发生的概率提高了约 19%，即 $P(D \mid C) - P(D \mid \overline{C}) \approx 0.19$。所以应该是规则 $A \rightarrow B$ 比规则 $C \rightarrow D$ 更具有价值。改善度的缺陷在于很多规则的价值大小难以区分或者进行价值比较时易产生错误，但是一般不会出现类似"有效度"那样的正负相关性的评判错误。

3）信任度

在 1997 年，Brin 就提出了信任度（*Conviction*）的概念。其表达公式如下：

$$Conviction(A \rightarrow B) = P(A)P(\overline{B})/P(A\overline{B}) \qquad (4\text{-}5)$$

信任度是一个蕴涵性的度量，其取值区间是 $[0, \infty)$。当信任度值是 1 时，表示事件 *A* 与事件 *B* 无关，也就是互相独立。信任度值越大，则表示规则的信任度越高。但经过研究发现，信任度的约束要求其实过高，很多有意义有价值的关联规则被剔除。

4）匹配度

前面的研究表明，置信度表示某些事件的发生会影响或导致其他事件的发生。但是，经过研究发现，关联规则的置信度只是考虑了事件 A 出现的前提下事件 B 出现的可能性，而未考虑到事件 A 不出现的前提下事件 B 出现的可能性，以及事件 A 与事件 B 是否存在相关等问题。这使得许多挖掘出来的关联规则是无效的或有问题的。针对置信度的描述不够完善，也不足以表达事务集之间的相关程度等问题，伊卫国等（2005）提出了匹配度的概念，其表达公式如下：

$$Match(A \rightarrow B) = \frac{P(AB)}{P(A)} - \frac{P(\overline{A}B)}{P(\overline{A})} = \frac{P(AB) - P(A)P(B)}{P(A) \times [1 - P(A)]}$$

(4-6)

匹配度取值区间为 $[-1, 1]$。如果匹配度值大于 0，即 $P(AB) > P(A)P(B)$，则表示事件 A 与事件 B 之间是存在正相关性的；如果匹配度值等于 1，即 $P(AB) = P(A) = P(B)$，则表示事件 A 与事件 B 在记录集中是同时出现或同时不出现的，事件 A 与事件 B 互为充分必要条件；如果匹配度值等于 0，即 $P(AB) = P(A)P(B)$，则表示事件 A 与事件 B 是无关的，两事件互相独立，互不影响；如果匹配度值小于 0，即 $P(AB) < P(A)P(B)$，则表示事件 A 与事件 B 之间存在负相关性。

5）影响度

2009 年，有学者提出了一种基于 T 检验的兴趣度度量标准，称为影响度（Chen，2009）。其实，影响度是在改善度的基础上改进来的，其利用统计量 T 检验来分析关联规则的置信度 $P(B|A)$ 与事件 B 的期望置信度 $P(B)$ 之间存在的差异。经统计量 T 检验的结果，若差异较大，则表示事件 A 的出现对事件 B 的出现有着比较大的影响，规则 $(A \rightarrow B)$ 是有意义的，其表达公式如下：

$$Influence(A \rightarrow B) = [P(B|A) - P(B)] / \sigma \qquad (4-7)$$

$$= \sqrt{\frac{P(B)(1 - P(B))}{n}} \qquad (4-8)$$

如果 $Influence(A \to B) > t_a(n)$，表示关联规则的置信度 $P(B|A)$ 与事件 B 的期望置信度 $P(B)$ 之间存在的差异较大，即规则 $(A \to B)$ 是有意义的。影响度度量标准的提出在一定程度上改善了传统兴趣度的度量框架。但是，它的评价效果同样存在着类似改善度的局限。

4.2.3 客观兴趣度度量改进与评价框架

1）新提升度（$Bi\text{-}lift$）

在前人相关研究的基础上，我们发现，提升度（$Lift$）度量方法已经具有了优良的评价效果。但是，提升度（$Lift$）将事件 A 和事件 B 放在了对等的位置，由此可知，$Lift(A \to B)$ 与 $Lift(B \to A)$ 的结果是一样的，如果接受了规则 $A \to B$，那么规则 $B \to A$ 也应该被接受。但是，事实上这两条规则却未必都能成立，而且大多数的隐蔽关联规则往往是 A 与 B 不会对等。针对提升度（$Lift$）存在的这个问题，我们研究后发现，要采用 $Lift(A \to B)$ 来衡量规则 $A \to B$ 的关联性，还必须研究 $\overline{A} \to B$ 的关系，因而本章引入了 $Lift(\overline{A} \to B)$，对 $Lift(A \to B)$ 进行调整与改进。

显然，$Lift(A \to B)$ 越大，则表示规则 $A \to B$ 中事件 A 的发生对事件 B 的发生的促进作用越明显；同样地，$Lift(\overline{A} \to B)$ 越大，则表示规则 $\overline{A} \to B$ 中事件 A 的不发生对事件 B 的发生的促进作用越明显，而对于规则 $A \to B$ 恰好是相反的。因此，本章提出的 $Bi\text{-}lift$ 度量方法，是将 $Lift(\overline{A} \to B)$ 放在分母的位置，即 $Bi\text{-}lift(A \to B)$ 等于 $Lift(A \to B)$ 与 $Lift(\overline{A} \to B)$ 的比值，新提升度的表达公式如下：

$$Bi\text{-}lift(A \to B) = \frac{Lift(A \to B)}{Lift(\overline{A} \to B)} = \frac{P(AB)/P(A)P(B)}{P(\overline{A}B)/P(\overline{A})P(B)} = \frac{P(AB)P(\overline{A})}{P(\overline{A}B)P(A)}$$

$$(4\text{-}9)$$

其中，要求 $P(\overline{A}B) \neq 0$ 为前提，A 和 B 都不应该是必然事件或不可能事件，其取值区间为 $[0, \infty)$。

2）新改善度（$Bi\text{-}improve$）

针对 $Improve$ 和 $Influence$ 的局限和不足，本章通过研究提出了 $Bi\text{-}improve$。由于 $Improve$ 度量方法中前件出现的概率变化会对改善度的评价结果造成很大的影响，为了消除这种影响，改进评价效果，本章在 $Improve$ 的基础上乘以前件发生的概率与前件不发生的概率的比值 $P(A)/P(\bar{A})$，进行针对 $Improve$ 的相应的修正。$Bi\text{-}improve$ 表达公式如下：

$$Bi\text{-}improve(A \rightarrow B) = [P(B|A) - P(B)] \times \frac{P(A)}{P(\bar{A})} = \frac{P(AB) - P(A)P(B)}{P(\bar{A})}$$

（4-10）

以表 4-3 和表 4-4 为例，通过计算两者的新改善度 $Bi\text{-}improve$，$Bi\text{-}improve(A \rightarrow B) = 0.27$，$Bi\text{-}improve(C \rightarrow D) = 0.225$。可见，$Bi\text{-}improve(A \rightarrow B)$ 略高于 $Bi\text{-}improve(C \rightarrow D)$，比较符合实际情况。

4.2.4 关联规则主观兴趣度度量指标的提出

在大数据中进行关联规则挖掘，是希望利用关联规则以取得一定的效益，实现规则的知识化和价值化。因此，要从用户的兴趣需求或者具体的应用对象方面考虑，利润指标（或收益函数）对商家而言，才是真正的关键。这样就涉及 2 个关键问题：其一就是所采用的关联规则能够给用户带来什么样的效用；其二就是在执行该关联规则时，所需要耗费的成本或劳动是什么。

1）效用函数

挖掘关联规则的最终目标就是通过采用关联规则来创造更大的新价值，即可以产生效用。效用函数通常是用户所关注的关键点。一般而言，其效用可以是通过规则产生的增进货币价值（Incremental Monetary Value，IMV）（Choi，2005）。

在研究增进货币价值之前，我们先要知道期望货币价值（Expected Monetary Value，EMV）。期望货币价值就是规则的置信度与规则后件总价格的乘积，其表达式如下：

$$EMV(A \rightarrow B) = c(A \rightarrow B) \cdot \sum Price(B_i) = \frac{P(AB)}{P(A)} \times \sum Price(B_i)$$

（4-11）

其中，$Price(B_i)$ 表示商品 B_i 的单位售价，$\sum Price(B_i)$ 表示 B 项目

集中所有的 B_i 的单价之和。

增进货币价值是指在规则指导的条件下获得的期望收益与没有在该规则指导的条件下所获得的收益之差,其表达公式如下:

$$IMV(A \rightarrow B) = [P(B \mid A) - P(B)] \times \sum Price(B_i) \quad (4\text{-}12)$$

其中,$Price(B_i)$ 表示的内容与公式(4-11)中的相同,下同。

结合新改善度($Bi\text{-}improve$)的相关研究可知,增进货币价值也存在一定的缺陷,前件出现的概率变化会对改善度 $Improve(A \rightarrow B) = P(B \mid A) - P(B)$ 的评价结果造成很大的影响。为了消除这种影响,本章在 $Improve$ 的基础上乘以前件发生的概率与前件不发生的概率的比值 $P(A)/P(\overline{A})$,进行针对 $Improve$ 的相应的修正。另外,考虑到效益,应该在售价上减去成本。本章提出的新增进货币价值(AIMV)的表达公式如下:

$$AIMV(A \rightarrow B) = [P(B \mid A) - P(B)] \times \frac{P(A)}{P(\overline{A})}$$

$$\times \left[\sum Price(B_i) - \sum Cost(B_i) \right] \quad (4\text{-}13)$$

其中,$Cost(B_i)$ 表示商品 B_i 的单位成本。

2)成本函数

规则的可执行性还要涉及执行该规则的成本或代价,本部分用 $Cost(A \rightarrow B)$ 表示规则($A \rightarrow B$)的执行成本,例如搬运商品 A 到商品 B 处的单位费用等。但是,这种所谓的可执行性费用有时候计算起来比较复杂。这里为了研究的可操作性,将规则的可执行性划分为若干等级。

3)基于收益的兴趣度函数

根据效用函数和可执行成本 $Cost(A \rightarrow B)$,本章提出融入主观偏好和具体应用对象的基于收益的兴趣度函数(Interestingness Function Basedon Profit,IFBP),表达公式如下:

$$IFBP(A \rightarrow B) = [P(B \mid A) - P(B)] \times \frac{P(A)}{P(\overline{A})} \times$$

$$\left[\sum Price(B_i) - \sum Cost(B_i) \right] - Cost(A \rightarrow B) \quad (4\text{-}14)$$

其中,$Cost(B_i)$ 表示的内容与公式(4-13)中的相同。

4.2.5 算例分析

1）客观兴趣度度量分析

本部分内容为对表 4-2 的商业数据进行详细分析后所得。 由于项目 E 在所有事务中都出现了，其作为一个必然事件，这里暂不考虑关于 E 的关联规则。 设定最小支持度为 20%，最小置信度为 50%，利用 Apriori 算法产生的频繁 2 项集如表 4-5 所示。

表 4-5　各种度量结果的比较

Rules	Sup.	Con.	Lift	Bi-Lift	Val.	Conv.	Imp.	Bi-imp.	Inf.	Mat.
$M{\to}J$	0.3	0.75	1.5	2.25	0.1	2	0.25	0.16	1.58	0.42
$M{\to}G$	0.3	0.75	1.08	1.13	0.1	1.2	0.05	0.03	0.35	0.08
$J{\to}G$	0.4	0.8	1.14	1.33	0.1	0.75	0.1	0.1	0.69	0.2
$I{\to}H$	0.3	0.75	1.88	4.5	0.2	2.4	0.35	0.23	2.26	0.58
$I{\to}F$	0.4	1	1.25	1.5	0.	/	0.2	0.13	1.58	0.33
$H{\to}F$	0.3	0.75	0.95	0.9	−0.2	0.8	−0.05	−0.03	−0.4	−0.08
$R{\to}G$	0.5	1	1.42	2.5	0.3	/	0.3	0.3	2.1	0.6
$N{\to}G$	0.4	0.67	0.95	0.89	0.1	0.9	−0.03	−0.05	−0.21	−0.08
$R{\to}F$	0.4	0.8	1	1	0.	1	0	0	0	0
$N{\to}F$	0.5	0.83	1.04	1.11	0.1	1.2	0.03	0.05	0.24	0.05
$M{\to}F$	0.4	1	1.25	1.5	0.	/	0.2	0.13	1.58	0.33
$J{\to}F$	0.4	0.8	1	1	0.	1	0	0	0	0
$G{\to}F$	0.5	0.71	0.89	0.71	0.2	0.7	−0.09	−0.21	−0.71	−0.28
$J{\to}M$	0.3	0.6	1.5	3	0.2	1.5	0.2	0.2	1.29	0.4
$G{\to}J$	0.4	0.57	1.14	1.71	0.3	1.17	0.07	0.18	0.44	0.24
$H{\to}I$	0.3	0.75	1.88	4.5	0.2	2.4	0.35	0.23	2.26	0.58
$F{\to}I$	0.4	0.5	1.25	/	0.4	1.2	0.1	0.4	0.65	0.5
$G{\to}R$	0.5	0.71	1.42	/	0.5	1.75	0.21	0.49	1.33	0.71
$G{\to}N$	0.4	0.57	0.95	0.86	0.2	0.93	−0.03	−0.07	−0.19	−0.1
$F{\to}R$	0.4	0.5	1	1	0.3	1	0	0	0	0
$F{\to}N$	0.5	0.63	1.04	1.25	0.4	1.07	0.03	0.12	0.19	0.13

续　表

Rules	Sup.	Con.	Lift	Bi-lift	Val.	Conv.	Imp.	Bi-imp.	Inf.	Mat.
$F{\rightarrow}M$	0.4	0.5	1.25	/	0.4	1.2	0.1	0.4	0.65	0.5
$F{\rightarrow}J$	0.4	0.5	1	1	0.3	1	0	0	0	0
$F{\rightarrow}G$	0.5	0.63	0.89	0.63	0.3	0.8	-0.07	-0.28	-0.48	-0.38
$M{\rightarrow}L$	0.2	0.5	2.5	/	0.2	0.64	0.3	0.2	2.37	0.5

Apriori 算法是 Agrawal 和 R. Srikant 在 1994 年提出的，是一种逐层搜索的迭代方法。首先，扫描数据库，对每个项目进行计数，并收集满足最小支持度的项集，记为 L_1（频繁 1 项集）；然后使用 L_1 找出满足最小支持度的频繁 2 项集的集合 L_2；再次，利用 L_2 寻找频繁 3 项集的集合 L_3；以此类推，直到不能再找到满足最小支持度的频繁 k 项集。具体从频繁 i 项集 L_1 寻找频繁 $i+1$ 项集 L_{i+1} 的操作为：①连接，$C_{i+1} = L_i Join L_i$；②使用先验性质进行剪枝，频繁项集的所有非空子集必须是频繁的，即若其存在子集不是频繁的，则从 C_{i+1} 中剔除。

表 4-5 和表 4-6 显示了各种不同度量方法的度量结果与比较。表 4-5 的第 2、3 列 $Sup.$ 和 $Con.$ 分别表示支持度和置信度。后边 8 列依次表示不同规则的提升度（$Lift$）、新提升度（Bi-$lift$）、有效度（$Val.$）、信任度（$Conv.$）、改善度（$Imp.$）、新改善度（Bi-$imp.$）、影响度（$Inf.$）和匹配度（$Mat.$）的计算值。很明显，提升度存在着方向性无法区分的问题，改善度和影响度的评价的稳定性不够高，易出现评价误差。表 4-6 的第 2 到第 9 列表示的内容与表 4-5 中的相同。

表 4-6　各种度量结果的排序

Rules	Lift rank	Bi-lift rank	Val. rank	Conv. rank	Imp. rank	Bi-imp. rank	Inf. rank	Mat. rank
$M{\rightarrow}J$	5	9	17	6	5	10	5	8
$M{\rightarrow}G$	14	15	19	12	14	16	14	15
$J{\rightarrow}G$	13	13	18	23	12	14	10	13
$I{\rightarrow}H$	3	6	12	5	2	6	3	4
$I{\rightarrow}F$	11	12	22	3	8	12	7	11

续　表

Rules	*Lift rank*	*Bi-lift rank*	*Val. rank*	*Conv. rank*	*Imp. rank*	*Bi-imp. rank*	*Inf. rank*	*Mat. rank*
H→F	23	21	25	22	23	21	23	22
R→G	7	8	5	1	3	4	4	2
N→G	22	22	20	20	22	22	22	21
R→F	20	20	24	18	20	20	20	20
N→F	16	16	14	11	15	15	15	16
M→F	10	11	21	2	7	11	6	10
J→F	19	19	23	17	19	19	19	19
G→F	25	24	16	24	25	24	25	24
J→M	4	7	13	8	9	8	9	9
G→J	12	10	6	13	13	9	13	12
H→I	2	5	11	4	1	5	2	3
F→I	9	3	3	10	11	3	12	7
G→R	6	1	1	7	6	1	8	1
G→N	21	23	15	19	21	23	21	23
F→R	18	18	8	16	18	18	18	18
F→N	15	14	4	14	16	13	16	14
F→M	8	2	2	9	10	2	11	6
F→J	17	17	7	15	17	17	17	17
F→G	24	25	9	21	24	25	24	25
M→L	1	4	10	25	4	7	1	7

从表 4-5 中，可见支持度和置信度作为经典的关联规则度量方法主要起到基础性支持的作用，不能够区分各种规则的正负关联性和价值的高低。不同度量方法之间存在不同程度的差异，单一的客观兴趣度度量也不能够决定哪些是真正有价值的规则，必须是多个指标的有效组合，形成度量框架。

（1）有效度（*Val.*）其实并不有效，与其他的度量方法存在比较的差异。根据表 4-5 可知，就有效度而言，各个规则都是有效的，但是事实上，很多规则没有意义，例如 $F{\rightarrow}J$，$F{\rightarrow}R$ 等规则是不相关的；$F{\rightarrow}G$，$G{\rightarrow}N$ 等规则反而具有消极的抑制作用。

（2）传统的支持度—置信度框架可以剔除大部分不相关的关联规则，但是由于约束力不够，会产生许多不相关的频繁项集，甚至有些是负相关的或是错误的规则。如果提高支持度和置信度，那么就会使大量有潜在价值的关联规则被剔除，而往往这些具有隐蔽性的规则才是用户最感兴趣的。

（3）提升度（$Lift$）度量方法具有较好的评价效果，但是提升度将事件 A 和事件 B 放在对等的位置，可知，$A{\rightarrow}B$ 和 $B{\rightarrow}A$ 是相同的，若接受了规则 $A{\rightarrow}B$，则 $B{\rightarrow}A$ 也应该被接受，然而事实上却未必成立。针对这一问题，本书提出了 $Bi\text{-}lift$ 度量方法，很好地解决了这个问题。但是 $Bi\text{-}lift$ 度量方法的前提要求是 $P(\overline{AB}) \neq 0$，A 和 B 都不应该是必然事件或不可能事件，其取值区间为 $[0, \infty)$。

（4）改善度（$Imp.$）存在很明显的缺陷，就是不确定概率改善多少算是改善。同时，前件发生的概率会严重影响改善度的评价：当前件发生的可能性极大时，改善度度量标准就会出现问题，此时改善度值始终很小，会造成很多规则的价值性难以区分，甚至出现价值性评判错误。为此，本章提出 $Bi\text{-}improve$，这种度量方法可以在保持改善度优点的基础上，更加准确地评价规则的价值性。对实验数据的分析也表明，经过对前件发生概率调整的 $Bi\text{-}improve$ 度量方法的评价结果在准确性和稳定性上表现更好。

（5）信任度（$Conv.$）是一个蕴涵性的度量，其取值区间是 $[0, \infty)$。如前所述，当信任度值是 1 时，表示事件 A 与事件 B 无关，也就是互相独立。信任度值越大，则表示规则的信任度越高。但本书通过研究发现，信任度的约束要求其实过高，很多有意义有价值的关联规则也被剔除。

（6）影响度（$Inf.$）是在改善度的基础上提出的，也被称为卡方分析法。但是，评价结果显示，影响度还是不能解决改善度存在的问题，很多规则的价值性难以区分，价值性评判错误仍然存在。为此，本章提出 $Bi\text{-}improve$ 度量方法，这种度量方法可以在保有改善度优点的基础上，更加准确地评价规则的价值性。

综上所述,在架构新的兴趣度度量框架时,由于有效度会出现评价的本质性错误,如明明是反作用的,却被评价为促进作用,所以要剔除。改善度和影响度不会产生一般本质性错误(正负相关性的错误),但是评价的稳定性不够高,评价结果容易出现价值性误差。新提升度、新改进度和匹配度的评价结果比较接近,稳定性较高。新提升度、新改进度和匹配度的评价结果比较如图 4-6、表 4-7 和表 4-8 所示。

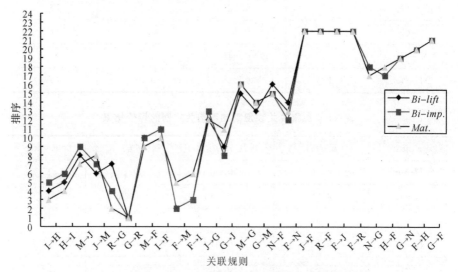

图 4-6　新提升度、新改进度和匹配度值评价结果比较

表 4-7　正相关关联规则的评价结果比较

Rules	Bi-lift	Bi-imp.	Mat.	Rank
G→R	7	0.49	0.71	1
F→M	6	0.4	0.5	2
F→I	6	0.4	0.5	3
R→G	2.5	0.3	0.6	4
H→I	4.5	0.23	0.58	5
I→H	4.5	0.23	0.58	6
M→L	5	0.2	0.5	7
J→M	3	0.2	0.4	8

续　表

Rules	$Bi\text{-}lift$	$Bi\text{-}imp.$	$Mat.$	Rank
$G \rightarrow J$	1.71	0.18	0.24	9
$M \rightarrow J$	2.25	0.16	0.42	10
$M \rightarrow F$	1.5	0.13	0.33	11
$I \rightarrow F$	1.5	0.13	0.33	12
$F \rightarrow N$	1.25	0.12	0.13	13
$J \rightarrow G$	1.33	0.1	0.2	14
$N \rightarrow F$	1.11	0.045	0.08	15
$M \rightarrow G$	1.13	0.03	0.08	16

表 4-8　负相关关联规则和不相关规则的评价结果

Rules	$Bi\text{-}lift$	$Bi\text{-}imp.$	$Mat.$	Rank
$H \rightarrow F$	0.90	-0.03	-0.08	17
$N \rightarrow G$	0.89	-0.045	-0.08	18
$G \rightarrow N$	0.86	-0.07	-0.10	19
$G \rightarrow F$	0.71	-0.21	-0.28	20
$F \rightarrow G$	0.63	-0.28	-0.38	21
$F \rightarrow J$	1.00	0.00	0.00	22
$F \rightarrow R$	1.00	0.00	0.00	23
$J \rightarrow F$	1.00	0.00	0.00	24
$R \rightarrow F$	1.00	0.00	0.00	25

注:保留两位小数,最后四条规则是"不相关规则"或者"无意义规则"。

　　根据评价结果和度量方法性能分析,本章剔除了有效度、改善度和影响度等度量指标。 在支持度、置信度、新提升度、新提升度、新改进度和匹配度中寻求并构建合理的度量框架。 支持度—置信度—新提升度—新改进度—匹配度框架:首先,利用支持度与置信度阈值过滤出频繁项集;其次,计算新提升度、新改进度和匹配度值;最后,根据新提升度、新改进度和匹配度值综合评价关联规则,其实这 3 种度量方法的评价结果是非常接近的,评价结果比较优良。

2）主观兴趣度度量分析

如前所述，在关联规则客观评价的基础之上，融入规则的价值和成本，构建了基于收益的兴趣度函数（$IFBP$）。这里暂不考虑关于 E 的关联规则（原因前文已叙述）。设定最小支持度为 30％，最小置信度为 35％，利用 Apriori 算法产生的频繁 2 项集和各种度量结果如表 4-9、表 4-10 和图 4-7 所示。

表 4-9 客观度量和主观度量结果比较

Rules	Cost	profit	Sup.	Con.	Lift	Imp.	Inf.	Bi-imp.	IFBP
$H \rightarrow I$	1	2	0.3	0.75	1.88	0.35	2.26	0.23	0.23
$I \rightarrow H$	5	6	0.3	0.75	1.88	0.35	2.26	0.23	0.23
$R \rightarrow G$	5	4	0.5	1	1.42	0.3	2.1	0.3	-0.3
$M \rightarrow J$	7	5	0.3	0.75	1.5	0.25	1.58	0.16	-0.32
$G \rightarrow R$	3	3	0.5	0.71	1.42	0.21	1.33	0.49	0
$I \rightarrow F$	1	5	0.4	1	1.25	0.2	1.58	0.13	0.52
$M \rightarrow F$	5	5	0.4	1	1.25	0.2	1.58	0.13	0
$J \rightarrow M$	6	3	0.3	0.6	1.5	0.2	1.29	0.2	-0.6
$J \rightarrow G$	2	7	0.4	0.8	1.14	0.1	0.69	0.1	0.5
$F \rightarrow M$	1	3	0.4	0.5	1.25	0.1	0.65	0.4	0.8
$F \rightarrow I$	2	2	0.4	0.5	1.25	0.1	0.65	0.4	0
$G \rightarrow J$	3	5	0.4	0.57	1.14	0.07	0.44	0.18	0.36
$M \rightarrow G$	4	7	0.3	0.75	1.08	0.05	0.35	0.03	0.09
$N \rightarrow F$	1	5	0.5	0.83	1.04	0.03	0.24	0.045	0.18
$F \rightarrow N$	2	4	0.5	0.63	1.04	0.03	0.19	0.12	0.24
$G \rightarrow M$	5	3	0.3	0.43	1.08	0.03	0.19	0.07	-0.14
$F \rightarrow J$	3	5	0.4	0.5	1	0	0	0	0
$F \rightarrow R$	1	3	0.4	0.5	1	0	0	0	0
$J \rightarrow F$	2	5	0.4	0.8	1	0	0	0	0
$R \rightarrow F$	2	5	0.4	0.8	1	0	0	0	0
$F \rightarrow H$	5	7	0.3	0.38	0.95	-0.02	-0.13	-0.08	-0.16

Rules	Cost	profit	Sup.	Con.	Lift	Imp.	Inf.	Bi-imp.	IFBP
$G{\rightarrow}N$	3	4	0.4	0.57	0.95	−0.03	−0.19	−0.07	−0.07
$N{\rightarrow}G$	2	4	0.4	0.67	0.95	−0.03	−0.21	−0.045	−0.09
$H{\rightarrow}F$	3	5	0.3	0.75	0.95	−0.05	−0.4	−0.03	−0.06
$F{\rightarrow}G$	1	4	0.5	0.63	0.89	−0.07	−0.48	−0.28	−0.84
$G{\rightarrow}F$	4	5	0.5	0.71	0.89	−0.09	−0.71	−0.21	−0.21

表 4-10　客观度量和主观度量结果排序

Rules	Cost	profit	Lift Rank1	Imp. Rank2	Inf. Rank3	Bi-imp. Rank4	IFBP Rank5
$H{\rightarrow}I$	1	2	1	1	1	5	6
$I{\rightarrow}H$	5	6	2	2	2	6	7
$R{\rightarrow}G$	5	4	6	3	3	4	23
$M{\rightarrow}J$	7	5	3	4	4	9	24
$G{\rightarrow}R$	3	3	5	5	7	1	12
$I{\rightarrow}F$	1	5	8	6	5	10	2
$M{\rightarrow}F$	5	5	10	7	6	11	15
$J{\rightarrow}M$	6	3	4	8	8	7	25
$J{\rightarrow}G$	2	7	11	9	9	13	3
$F{\rightarrow}M$	1	3	7	10	10	2	1
$F{\rightarrow}I$	2	2	9	11	11	3	13
$G{\rightarrow}J$	3	5	12	12	12	8	4
$M{\rightarrow}G$	4	7	13	13	13	16	9
$N{\rightarrow}F$	1	5	16	14	14	15	8
$F{\rightarrow}N$	2	4	15	15	15	12	5
$G{\rightarrow}M$	5	3	14	16	16	14	20
$F{\rightarrow}J$	3	5	17	17	17	17	10
$F{\rightarrow}R$	1	3	18	18	18	18	11
$J{\rightarrow}F$	2	5	19	19	19	19	14

续　表

Rules	Cost	*profit*	*Lift Rank1*	*Imp. Rank2*	*Inf. Rank3*	*Bi-imp. Rank4*	*IFBP Rank5*
$R{\rightarrow}F$	2	5	20	20	20	20	16
$F{\rightarrow}H$	5	7	24	21	21	24	21
$G{\rightarrow}N$	3	4	22	22	22	23	18
$N{\rightarrow}G$	2	4	23	23	23	22	19
$H{\rightarrow}F$	3	5	21	24	24	21	17
$F{\rightarrow}G$	1	4	26	25	25	26	26
$G{\rightarrow}F$	4	5	25	26	26	25	22

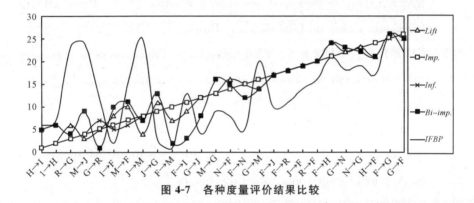

图 4-7　各种度量评价结果比较

根据图 4-7 可以看出，改善度和影响度两线几乎重合。 根据前面的分析我们知道，两者都存在着问题。 提升度和新改进度具有良好的评价性能且走势相近，但是由于提升度存在前后件地位等同的缺点，无法区分。 因此，新改进度是最佳的选择。 由上述内容可知，在关联规则客观评价的基础之上，融入规则的价值和成本，构建的基于收益的兴趣度函数，对关联规则的评价与选择起到了重要的作用。

4.3　参考文献

［1］BRIN S，MOTWANI R，ULLMAN J D，1997. Dynamic itemset

counting and implication rules for market basket analysis [J]. ACM sigmod record, 26（2）:255-264.

[2] CHEN J, GAO Y, 2009. Evaluation criterion for association rules with influence degree [J]. Computer engineering and application, 45（8）:141-143.

[3] CHEN M C, 2007. Ranking discovered rules from data mining with multiple criteria by data envelopment analysis [J]. Expert systems with application, 33（4）: 1100-1106.

[4] CHI Y, ANG H W, YU P, 2004. Moment: maintaining closed frequentitemsets over a streamsliding window [C]. Proc. Of 4th IEEEintl. Conf. on DataMining, Brighton, UK.

[5] CHOI D H, AHN B S, KIM S H, 2005. Prioritization of association rules in data mining: multiple criteria decision approach [J]. Expert systems with application, 29（4）:867-878.

[6] DING Q, PERRIZO W, 2002. Decision tree classification of spatialdata streams using peano count trees [C]. Proc. of the ACM Symposium on App lied Computing, Madrid, Spain.

[7] DOMINGOS P, HULTENG, 2002. Mining high-speed data streams [C]. Proc. of ACM SIGKDD Int Conf Knowledge Discovery in Databases（KDD'00）.

[8] GENG L, HAMILTON H J, 2006. Interestingness measures for data ming: a survey [J]. ACM computing surveys, 38（3）:1-32.

[9] GOUDA K, ZAKI M J, 2001. Efficiently mining maximal frequent itemsets [C]. ICDM archive Proceedings of the 2001 IEEE International Conference on Data Mining table of contents. Washington, DC, USA.

[10] GRAHNE, G ZHU J, 2003. efficiently using prefix-trees in mining frequent itemsets [C]. Proc. of the IEEE ICDM Workshop on Frequent Item set Mining Implementations. USA: IEEE.

[11] LI H, LEE S, SHAN M, 2005. Online mining（recently）maximal

frequent itemsets over data streams [C]. Proc. of the fifteenth International Workshops on Research Issues in Data Engineering：Stream Data Mining and Applications, Tokyo, Japan. USA：IEEE.

[12] HULTEN G, SPENCER L, DOMINGOS P, 2001. Mining time-changing datastreams [C]. Proc. of ACMSIGKDD Int Conf Knowledge Discoveryin Databases (KDD'01).

[13] SONG Y Q, ZHU Y Q, SUN Z H, et al., 2003. An algorithm and its updating algorithm based on FP-Tree for mining maximum frequent itemsets [J]. Journal of software, 14 (9)：1586-1592.

[14] TOLOO M, SOHRABI B, NALCHIGAR S, 2009. A new method for ranking discovered rules from data mining by DEA [J]. Expert systems with application, 36 (4)：8503-8508.

[15] WANG H, LI Q H, 2003. An improved maximal frequent itemset algorithm [C] // WANG G Y. eds. Proc. of the Rough Sets, Fuzzy Sets, Data Mining and Granular Computing, the 9th Int'l Conf. (RSFDGrC 2003). LNCS 2639, Heidelberg：Springer-Verlag.

[16] ZHOU Q H, WESLEY C, LU B J, 2002. Smart miner：a depth 1st algorithm guided by tail information for mining maximal frequent itemsets [C]. Proc. of the IEEE Int'l Conf. on Data Mining (ICDM2002), USA：IEEE.

[17] 敖富江, 颜跃进, 刘宝宏, 等, 2009. 在线挖掘数据流滑动窗口中最大频繁项集 [J]. 系统仿真学报, 21 (4)：1134-1139.

[18] 郭崇慧, 张震, 2011. 基于组合评价方法的关联规则兴趣度评价 [J]. 情报学报, 30 (4)：353-360.

[19] 韩家炜, MICHELINE K, 2007. 数据挖掘概念与技术 [M]. 北京：机械工业出版社.

[20] 琚春华, 鲍福光, 王宗格, 2013. 关联规则的评价方法改进与度量框架研究 [J]. 情报学报, 32 (6)：584-592.

[21] 琚春华, 许翀寰, 2010. 基于有序复合策略的数据流最大频繁项集

挖掘 [J]. 情报学报, 29 (5): 864-871.

[22] 刘永利, 欧阳元新, 闻佳, 等, 2010. 基于概念聚类的用户兴趣建模方法 [J]. 北京航空航天大学学报 (2): 188-192.

[23] 李永新, 吴冲, 王崑声, 2011. 一个新的关联规则兴趣度度量方法 [J]. 情报学报, 30 (5): 503-507.

[24] 陆介平, 杨明, 孙志挥, 等, 2005. 快速挖掘全局最大频繁项目集 [J]. 软件学报, 16 (4): 554-560.

[25] 罗马, 吴杰, 2003. 关联规则衡量标准的研究 [J]. 控制与决策, 18 (3): 277-280.

[26] 谭学清, 罗琳, 周洞汝, 2007. 关联规则兴趣度度量方法的比较研究 [J]. 情报学报, 26 (2): 266-270.

[27] 颜跃进, 李舟军, 陈火旺, 2005. 基于 FP-Tree 有效挖掘最大频繁项集 [J]. 软件学报, 16 (2): 216-221.

[28] 姚忠, 吴跃, 常娜, 2008. 集成项目类别与语境信息的协同过滤推荐算法 [J]. 计算机集成制造系统, 14 (7): 1449-1456.

[29] 张光卫, 康建初, 李鹤松, 等, 2006. 面向场景的协同过滤推荐算法 [J]. 系统仿真学报 (S2): 595-601.

第 5 章

个性化推荐方法之协同过滤推荐

　　基于协同过滤的推荐方法是个性化推荐方法研究的一个重要分支，主要包括用户协同过滤推荐模型与方法和基于项目内容协同过滤的推荐模型与方法，用户协同过滤推荐模型与方法是指根据相似用户的普遍偏好来推荐项目或商品。协同推荐机制计算的是用户的相似性而不是商品的相似性。基于项目内容协同过滤的推荐模型与方法是基于相似内容的推荐模型与方法，根据消费者历史的消费特征与偏好进行相似商品与内容的推荐。本章在前人研究的基础上，主要围绕本体情境、信任关系和社会化网络分别设计了复杂情境下基于本体情境和信任关系的协同过滤推荐模型和基于社会网络协同过滤的推荐模型。

5.1　复杂情境下基于本体情境和信任关系的协同过滤推荐

　　协同过滤推荐是迄今为止最成功而且应用最为广泛的个性化推荐方

法，该方法最突出的优点在于能针对任何形态的内容进行过滤，更能处理相当复杂和抽象的概念呈现，往往能获得意料之外的结论（刘润然，2011）。而且任何电子商务平台的数据都能应用协同过滤方法进行处理，面向目标对象进行推荐。当然协同过滤方法的缺点也很突出，容易受数据稀疏性、冷启动问题及可扩展性的影响。特别是随着用户情境的复杂化，传统的协同过滤推荐方法越来越不能满足用户的需求。现实生活中，影响消费者决策的 4 个因素包括同质性、信任度、联系强度和意见领袖。对于电子商务用户而言，信任度往往是影响其做出行为的重要因素，信任度实质是人与人之间信任程度的反映。人际信任是由个人价值观、态度、心情及情绪和个人魅力交互作用的结果，是一组心理活动的产物。信任关系被认为是一种依赖关系。通常社交网络中研究的信任关系是一种单向关系诸如粉丝对博主的心理、态度等。迁移到电子商务平台，考虑到用户进行网络购物时存在的对商家的信任关系，我们认为这种信任关系也是单向的，如淘宝买家对卖家的态度。所以在设计推荐方法的时候，需要纳入信任关系这一影响因素。而且对于一些较大的企业而言，这类信任关系可以通过一些计算方式反映与度量。

5.1.1 问题描述及研究思路

无论是基于用户的推荐还是基于商品的推荐，都需要计算对象之间的相似性，最常用的相似性计算方法包括余弦相似性、皮尔逊相关性和杰卡德相关系数。随着资源扩散思想的出现，一种度量相似性的新方法被学者提出，该方法认为个体之间的相似性贡献应与它的流行程度相关，同时用商品的度来衡量该商品的流行程度。当然，该基于余弦相似性度量改进的协同过滤方法也存在着不足，最大的问题在于没有考虑不同用户对同一商品在偏好程度上的差异。因此，本节提出一种基于本体情境和信任关系的协同过滤推荐方法。其先根据用户的本体情境信息对用户进行细分，通过聚类将这些用户划分成若干子群，每一子群中的用户具有一定的特征相似性；再在用户相似性计算时考虑用户偏好程度差异及信任关系对相似性计算产生的影响。使用本方法的目的在于通过对协同过滤方法的改进提高推荐结果的精确性并增加多样性。

5.1.2 基于本体情境及信任关系的协同过滤推荐模型

1）模型框架

在基于本体情境和信任关系的协同过滤推荐方法中，需要先对用户进行聚类，这里将采用经典的 K-means 聚类算法。 之所以选用 K-means 聚类算法，是因为其应用最为广泛，而且非常简单，同时聚类速度很快，对确定了的 k 簇划分能达到平方误差最小。 然而，K-means 聚类算法的特性使得它又高度依赖于初始簇群分类值 k 及初始聚类中心，因而会出现局部最优等问题。 为了解决这些问题，提高聚类质量水平，我们将人工蜂群算法（Artificial Bee Colony Algorithm，ABC）（Dervis，2005）引入K-means聚类过程，通过局部寻优实现全局最优。 在计算簇内用户相似性时，我们考虑商品的流行度、用户的偏好程度及用户之间的信任关系对相似性计算的影响。 最后面向目标用户产生长度为 L 的推荐列表。

由于用户本体情境信息多为非结构化和半结构化的数据，在聚类操作前需要对其进行一定的预处理，即进行数据清理、数据集成、数据变换和数据归约。 图 5-1 展示了基于本体情境和信任关系的协同过滤推荐模型框架。 该模型框架分为 3 个部分：用户聚类、簇内用户相似性计算和推荐列表生成（Xu，2013；Ju et al.，2013）。

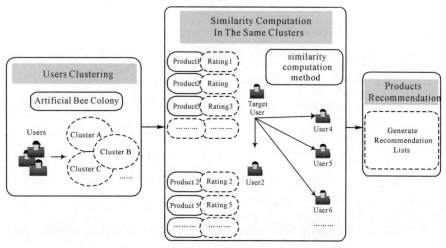

图 5-1　基于本体情境和信任关系的协同过滤推荐模型框架

（1）用户聚类。 为了提高推荐结果的精确性，很多文献在计算用户相似性前，会对用户进行聚类操作。 本方法采用改进的 K-means 聚类算法对用户进行聚类，聚在一起的用户具有一定的相似性（这里要说明的是，聚类利用的是用户的本体情境信息而非用户历史购买信息）。 K-means聚类算法在聚类迭代过程中容易陷入局部最优，因此要引入仿生智能算法之一的人工蜂群算法来解决这一问题。

（2）相似性计算。 在计算相似性前，我们先给出一些设定。 假定有 m 个用户，用集合 $U=\{u_1, u_2, \cdots, u_m\}$ 表示，有 n 个商品，用集合 $O=\{o_1, o_2, \cdots, o_n\}$ 表示。 用户和商品之间的关系可以用 $m \times n$ 的矩阵 $A=\{a_{ij}\}$ 表示。 如果用户 i 选择过商品 j，那么他们之间的关系 $a_{ij}=1$，如果用户 i 没有选择过商品 j，则他们之间的关系 $a_{ij}=0$。 因此，所有由用户和商品之间关系构成的矩阵 A 就是一个 0/1 矩阵。 随后我们将商品度、用户对商品的偏好程度及用户信任关系融入改进后的余弦相似性计算中，通过计算得到用户之间的相似性值。

（3）产品推荐。 通过上一步骤的相似性计算，我们找出了目标用户可能感兴趣的商品，每个商品对应一个综合度值（该值是受商品度、用户对商品的偏好程度等影响的资源值）。 而后按照商品综合度值的大小对其进行排序，将排名靠前的 L 个商品推荐给目标用户，通常 L 的大小不超过 100。

2）K-means 聚类算法和人工蜂群算法

在描述基于人工蜂群算法的 K-means 聚类算法前，我们先简单介绍 K-means聚类算法和人工蜂群算法。

（1）K-means 聚类算法。 K-means 聚类算法即 K 均值聚类，是最知名且非常简单的聚类方法。 它是一种硬聚类算法，其基本过程可描述如下：先指定所需要寻找的聚类个数 k，并任意选取数据集合中的 k 个数据作为初始簇中心。 而后根据欧氏距离测度，将其余的数据划分到离各自最近的簇中心，形成 k 个簇。 接着计算出数据所在的每个簇的平均值，将其作为新的簇中心，并调整数据的划分。 重复上述过程直至簇内的数据不再发生变化。 K-means 聚类算法优质的衡量标准为同一簇中的数据与该簇中心的平均距离越小越好，簇间距离则越大越好。

K-means 聚类算法的具体步骤如下：

假设有数据集 $X=\{x_i\}$，变量下标 $i=1$，2，3，$\cdots$，n，已确定的聚类个数为 k。聚类的目标为将数据集 X 中的数据划分到 k 个簇中，每个簇与数据集 X 的关系为

$$X = \cup_{j=1}^{k} C_j,\ C_{j1} \cap C_{j2} = \varnothing,\ j1 \neq j2 \qquad (5\text{-}1)$$

其中，C_j 表示任意簇。

步骤 1：初始化聚类中心 c_j，其中 $j=\{1,\cdots,k\}$。

步骤 2：将数据集 X 中的数据划分到离其最近的簇中心中，形成 k 个簇，其划分公式如下：

$$c_j = \{x \| \ |x - c_j\| = \min |,\ x \in X\} \qquad (5\text{-}2)$$

其中，c_j 是簇 C_j 的中心，$j=1$，2，$\cdots$，k，$\|*\|$ 表示距离计算范式，计算 2 个数据之间的距离公式很多，K-means 通常采用欧氏距离进行计算。

步骤 3：更新簇中心，将簇中数据的平均值作为新的簇中心，其计算公式如下：

$$c_j = (1/K_j) \sum x \in C_j \qquad (5\text{-}3)$$

其中，K_j 表示与其对应的簇 C_j 中的数据量，$j=1$，2，$\cdots$，k。

步骤 4：产生聚类结果，如果各个簇中的数据不再发生变化或者聚类目标函数收敛于某一值，那么迭代终止，完成聚类。无论聚类簇不再发生变化还是收敛于某一值，都对应一个目标函数，K-means 的目标函数 f_i 表示如下：

$$f_i = \frac{1}{k} \sum_{j=1}^{k} \sum_{x_i \in C_j} d(x_i, c_j) \qquad (5\text{-}4)$$

其中，$d(x_i, c_j)$ 表示每一个簇中的数据与该簇中心的距离，聚类质量最优的目标是使得 f_i 达到最小值。

K-means 聚类算法最主要的缺点包括：①需要预先指定聚类个数 k，很多时候，我们并不知道给定的数据集应该分成多少个类别才最合适，只能凭经验划分或者任意选定；②对初始聚类中心值依赖性非常强，容易陷

入局部最优。 事实上，不同的初始值，聚类结果往往不同，通常 K-means 聚类算法会随机地选取 k 个数据作为初始聚类中心，再通过迭代直至聚类簇不再发生变化或者目标函数收敛。 在该过程中，初始值选取的任意性会导致目标函数求解最优值的迭代陷入局部最优问题。

（2）人工蜂群算法。 人工蜂群算法是 2005 年由土耳其学者 Dervis Karaboga 提出的一种模拟蜜蜂群体寻找优良蜜源的仿生智能计算方法，经过 10 年的发展，已经成为仿生智能计算领域新的研究热点。 与遗传算法（Genetic Algorithm， GA）、蚁群算法（Ant Colony Optimization， ACO）等智能计算方法相比，它的突出优点是每次迭代的过程中都进行全局和局部搜索，因此找到最优解的概率大大增加，并在较大程度上避免了局部最优问题。

假设蜜蜂总数为 N_s，其中采蜜蜂种群规模为 N_e，跟随蜂种群规模为 N_u（一般定义 $N_e = N_u$），个体向量的维度为 D，$S = R^D$ 为个体搜索空间，S^{Ne} 为蜜蜂种群空间。 $X = (X_1, X_2, \cdots, X_{Ne})$，$X_i \in S(i \leqslant N_e)$ 表示一个采蜜蜂种群。 用 $X(0)$ 表示初始采蜜蜂种群，$X(n)$ 表示第 n 代采蜜蜂种群，f 表示适应度函数即目标函数，则人工蜂群算法的数学模型及相应的步骤可描述如下：

步骤 1：初始化蜜蜂种群（对应的可行解）。 当 $n = 0$ 时，随机生成 N_s 个可行解（$X_1, X_2, \cdots, X_{Ns}$），具体随机产生的可行解 X_i 为

$$X_i^j = X_{\min}^j + rand(0, 1)(X_{\max}^j - X_{\min}^j) \tag{5-5}$$

其中，$j \in \{1, 2, \cdots, D\}$，为 D 维度解向量的某个分量，$X_{\max}^j$ 和 $X_{\min}^j$ 分别表示分量 j 的上下边界。 而后分别计算各解向量的适应度函数值，将排名靠前的 N_e 个解作为采蜜蜂种群 $X(0)$。

步骤 2：产生新的解。 假设对于第 n 步的采蜜蜂 $X_i(n)$，在当前位向量领域搜索新的位置以获得新解，其搜索公式为

$$V_i^j = X_i^j + rand[-1, 1](X_i^j - X_k^j) \tag{5-6}$$

其中，$j \in \{1, 2, \cdots, D\}$，$k \in \{1, 2, \cdots, N_e\}$，$k \neq i$，$j$ 和 k 均随机产生。 N_e 为可行解的数量，即等于采蜜蜂种群规模和跟随蜂种群规模。

步骤 3：采用贪婪选择算子比较采蜜蜂搜索到的新位置向量 V_i 和原有

位置向量 $\boldsymbol{X}_i$，确定哪一个具有更优的适应度，并保留给下一代种群。其概率分布公式为

$$P\{T_s(X_i, V_i) = V_i\} = \begin{cases} 1 & f(V_i) \geqslant f(X_i) \\ 0 & f(V_i) < f(X_i) \end{cases} \quad (5\text{-}7)$$

贪婪选择算子保证了种群能够保留精英个体，使得进化方向不会后退。

步骤 4：各跟随蜂依照采蜜蜂种群适应度值的大小选择一个采蜜蜂，并在其领域内进行新位置的搜索。采蜜蜂的选择是依据概率的大小，在一个蜜蜂群种群内选择一个个体的概率公式为

$$p_t = \frac{fit_t}{\sum_{j=1}^{SN} fit_j} \quad (5\text{-}8)$$

其中，$fit_t = \dfrac{1}{1+f_i}$，f_i 是目标函数，SN 为种群规模。

步骤 5：记下种群最终更新过后达到的最优适应度值及相应的参数。

步骤 6：当在某只采蜜蜂的位置周围搜索的次数（Bas）达到一定的阈值（$Limit$）却仍然没有找到最优位置时，重新随机初始化该采蜜蜂的位置，公式为

$$X_i(n+1) = \begin{cases} X_{\min} + rand(0, 1)(X_{\max} - X_{\min}) & Bas_i \geqslant Limit \\ X_i(n) & Bas_i < Limit \end{cases}$$

$$(5\text{-}9)$$

步骤 7：如果满足停止条件即出现全局最优适应度值或达到了设定的迭代次数，则停止计算并输出最优适应度值及相应的参数，否则转向步骤 2 继续操作。

3）基于本体情境的用户聚类

本节将基于改进的 K-means 聚类算法对用户进行聚类，以提高后续用户相似性计算的精确性。为了克服 K-means 聚类算法容易陷入局部最优的缺点，我们将 K-means 聚类算法中最优聚类中心求解问题转化为人工蜂群算法中的最优蜜源选择问题，利用人工蜂群算法的全局最优搜索及快速收敛能力解决 K-means 聚类算法中局部最优困境。众所周知，关于 K-means 聚类算法，其初始聚类个数 k 值及初始聚类中心的选择对聚类结果有很大

的影响。根据相关文献（杨善林等，2006）关于 k 值优化问题的研究可知，最佳的聚类数 k_{opt} 满足 $k_{opt} \leqslant k_{max}$，其中 $k_{max} \leqslant \sqrt{n}$，$n$ 为数据个数。在后面的实验中，我们设定 k 的最优值范围为 $k \leqslant (\sqrt{n}-1)/2$，当然在实际应用中，用户可以根据需求自己定义 k 值。

基于人工蜂群算法的 K-means 聚类算法中，聚类的个数 k 对应人工蜂群算法中的可行解个数，聚类中心即可行解，聚类的目标函数即人工蜂群算法的目标函数，聚类的具体步骤如下：

步骤 1：初始化蜜蜂种群即随机生成 k 个可行解（k 为设定的聚类个数），设定最大搜索次数（$Limit$）。

步骤 2：根据当前向量搜索新的位置即产生新的解，对应新的聚类中心。

步骤 3：采用贪婪选择算子比较当前位置和新位置的适应度值大小，确定具有更优适应度值的位置并将其传给下一代即作为下一次比较的对象。

步骤 4：各跟随蜂依照采蜜蜂种群适应度值的大小选择一个采蜜蜂，即数据集中的其余数据根据一定的概率选择一个聚类中心。

步骤 5：记下种群最终更新过后达到的最优适应度值及相应的参数。

步骤 6：当在某只采蜜蜂的位置周围搜索的次数（Bas）达到一定的阈值（$Limit$）却仍然没有找到最优位置时，重新随机初始化该采蜜蜂的位置，对应聚类重新选择聚类中心，即对聚类中心位置进行相应的调整。

步骤 7：如果未满足停止条件就转向步骤 2 继续操作，否则停止迭代。

步骤 8：确定最优的位置即聚类中心，同时确定每个聚类中心划分的数据，形成聚类结果。

基于人工蜂群算法的 K-means 聚类算法克服了 K-means 聚类算法容易陷入局部最优困境的缺点，同时缓解了原方法对初始聚类中心的敏感度。用户聚类用到的用户维度数据来源于用户的本体情境信息，通常包括与用户相关的人口统计学信息和特征属性信息等。

4）基于信任关系的协同过滤方法

在社交网络中，用户之间的信任关系可以通过关注与被关注、互动等信息得以体现，然而电子商务平台上的用户之间并不存在关注与被关注的关系，而且用户之间的互动也相对较少。因此，如何在较少维度情境信息下，量化用户之间的信任关系，实现个性化推荐成了研究的难点。通常采用的方式为近似量化信任关系或者假设这些用户是互相信任的。学者 Hwang et al.（2007）的研究表明，2 个用户对共同商品的打分数据能够反映出他们之间的信任关系。换言之，信任关系是与用户对商品的历史打分或评价数据相关的，我们引入 Hwang et al.（2007）的研究成果，用评分关系来反映用户之间的信任关系。

前文已经描述过如何根据本体情境信息对用户进行聚类，聚类后同一子群中的用户具有一定的相似性，在此，我们基于协同过滤方法的思想对同一个子群中的用户进行相似性计算。众所周知，影响个性化推荐方法质量的关键因素是用户或者商品之间相似性的准确度量，针对传统协同过滤方法存在的不足，我们提出了一种改进的基于资源扩散思想来衡量用户相似性的方法。传统的相似性度量方法主要以余弦相似性、皮尔逊相关性及杰卡德相关系数度量为主。基于资源扩散思想的度量方法可描述为：对于任意用户 i 和用户 l，他们共同选择过的商品数量表示为

$$c_{il} = \sum_{j=1}^{n} a_{ij} a_{lj} \tag{5-10}$$

其中，a_{ij} 和 a_{lj} 表示一种选择关系，如果商品 j 被用户 i 选择过（购买过），那么 i 和 j 之间会产生一条连接边 a_{ij}，即 $a_{ij}=1$（$i=1，2，\cdots，m$；$j=1，2，\cdots，n$），反之不产生连接边 a_{ij}，即 $a_{ij}=0$。连接边表示的就是用户和商品之间的一种选择（购买）关系。

以标准的余弦相似性为例，设定 s_{il} 表示用户 i 和用户 l 之间的相似性，$k(u_i)$ 和 $k(u_l)$ 分别表示用户 i 和用户 l 的度（用户的度表示用户选择过的商品的数量），则基于资源扩散思想的相似性计算公式可表示为

$$s_{il} = \frac{c_{il}}{\sqrt{k(u_i)k(u_l)}} = \frac{\sum_{j=1}^{n} a_{ij} a_{lj}}{\sqrt{k(u_i)k(u_l)}} \tag{5-11}$$

由公式（5-10）可知，在进行余弦相似性计算的过程中，我们会认为不

同的商品在用户的相似性计算上的贡献度是同等的。但这不符合实际情况，不同商品的影响力是不同的，流行的商品对相似性贡献小，不流行的商品对相似性贡献大。因此，Hwang et al.（2007）对其进行了改进，改进的计算公式如下：

$$s_{il} = \frac{1}{\sqrt{k(u_i)k(u_l)}} \sum_{j=1}^{n} \frac{a_{ij}a_{lj}}{k^{\alpha}(o_j)} \qquad (5\text{-}12)$$

其中，$k(o_j)$ 表示商品的度（商品的度表示选择过该商品的用户的数量）。α 表示可调参数，控制着共同购买商品 l 的 2 个用户之间相似性的贡献大小。当 α 等于 0 时，该方法变回了标准的余弦相似性计算方法；当 α 大于 0 时，流行的共同属性对这 2 个用户之间的相似性贡献较小；当 α 小于 0 时，不流行的共同属性对这 2 个用户之间的相似性贡献较小。

公式（5-12）对商品流行度进行了考虑，但忽视了用户偏好程度差异的影响，用户 i 和用户 l 虽然都选择了某一个商品 j，并不表明他们的喜欢程度是相同的。用户对商品的喜爱程度通常可以从用户的评分和相关评论上反映出来，现在的电子商务平台都提供了商品评分功能，因此可以从评分上推测用户对某一商品的喜好程度。此外，用户在选择商品的过程中也会受到用户之间信任关系的影响。比如某个用户需要购买某个商品，他除了了解商品评分，还会了解其他购买者对该商品的评价，这里就包含了用户之间的信任关系，倘若该用户信任其他陌生用户的评价，那么这种信任关系会正向作用于该用户的购买决策，反之就会产生负向作用。基于资源扩散的思想，我们认为，某一商品的吸引力和 $\left[\left(1 - \frac{|v_{ij} - v_{lj}|}{M} \right) / k(o_j) \right]^{\alpha}$ 呈一个比例关系，其中 v_{ij} 和 v_{lj} 分别表示用户 i 和用户 l 对商品 j 的评分（商品的评分能够反映用户的偏好程度）；$|v_{ij} - v_{lj}|$ 表示偏好的差值的绝对值，体现了用户之间的信任关系（Hwang et al.，2007）。最终我们得到的改进的相似性计算公式如下：

$$s_{il} = \frac{1}{\sqrt{k(u_i)k(u_l)}} \sum_{j=1}^{n} a_{ij}a_{lj} \left[\frac{\left(1 - \frac{|v_{ij} - v_{lj}|}{M} \right)}{k(o_j)} \right]^{\alpha} \qquad (5\text{-}13)$$

其中，$k(u_i)$ 和 $k(u_l)$ 分别表示用户 i 和用户 l 的度，$k(o_j)$ 表示商

品 j 的度，M 表示评分的跨度，α 表示可调参数。同样，当 α 等于 0 时，该方法变回了标准的余弦相似性方法；当 α 大于 0 时，表明流行的商品对 2 个用户之间的相似性贡献较小；当 α 小于 0 时，表明不流行的商品对 2 个用户之间的相似性贡献较小。基于上面的分析，我们期望 α 大于 0 的时候能够给推荐方法带来更高的精确性，即不流行的商品应该作用更大。

通过相似性的计算，我们可以把与目标用户相似性比较大的那些用户选择过但目标用户未选择过的产品推荐给目标用户。推荐方法的相似性计算表明了用户对某个未选择商品的喜好程度由购买过这个商品的用户与目标用户之间的相似性决定。这里我们假定 p_{ij} 表示目标用户 i 对商品 j 的喜好程度，其计算公式如下：

$$p_{ij} = \sum_{l=1,\ l \neq i}^{m} s_{il} a_{lj} \tag{5-14}$$

其中，s_{il} 表示用户 i 和用户 l 的相似性，a_{lj} 表示用户 l 对商品 j 的选择情况。我们根据喜好程度把预测得来的目标用户未购买过的商品从高到低排列，并将排名靠前的 L 个商品推荐给用户。这里特别说明的是，协同过滤推荐方法产生的推荐列表是通过对目标用户未打过分的商品评分预测得到的，通常根据计算与目标用户相似的用户集合对某一商品的平均分值得到。

5.1.3 推荐效果评价指标

为了评估改进的协同过滤推荐方法的性能，我们同样采用一些标准的测量指标，主要用于测量推荐结果的精确性和多样性，对于推荐方法的性能而言，精确性是第一重要的。这里选取第 3 章列出的测试指标中具有代表性的五项（一般而言，选择三项评测指标就能客观地评测方法的性能）：排名得分（Ranking Score），准确率（Precision），召回率（Recall），内部相似性（Intra-similarity），海明距离（Hamming Distance）。前三项指标用于测量推荐结果的精确性，后两项指标用于测量推荐结果的多样性。每项指标简要描述如下：

1）排名得分

对于任意一个目标用户 i，如果推荐系统推荐给他 L 个他没有选择过的商品，而在随后的实际购买中，他选择了其中的若干个商品。通过这些被选择的商品在推荐列表中的位置，计算出一个比例值，该值的平均数构成了排名得分指标。如果用公式对一个商品的位置比例进行表达，可表示为 $r_{ij} = \dfrac{R_{ij}}{L_i}$，其中 R_{ij} 表示被目标用户选择的商品 j 在推荐列表 L_i 中的位置（通常指序号）。由若干个用户选择的商品的平均位置值（$\langle r \rangle$），构成了排名得分指标。

2）准确率

对于一个推荐方法产生的推荐序列，取前 L 个商品推荐给目标用户，然后观测目标用户实际购买了其中的多少商品，假设购买了 a 个商品，那么准确率的表达式为 a/L，其中 a 表示的是用户实际购买的且出现在推荐列表中的商品数目，L 为推荐列表的长度。准确率的值越高，说明推荐系统的精确性越高。

3）召回率

召回率也是一个应用非常广泛的指标，我们同样取推荐序列中前 L 个商品构成推荐给目标用户的推荐列表，a 表示目标用户实际购买的且出现在该推荐列表中的商品数目，M 表示目标用户实际购买的商品数目，则召回率的表达式为 a/M。召回率的值越高，说明推荐系统的精确性越高。

4）内部相似性

内部相似性用来评估给目标用户的推荐列表中任意 2 个商品之间的相似性。内部相似性的值越小，说明推荐列表中商品的相似性越低，推荐商品越具有多样性，越能挖掘和激发用户的潜在需求。对于相似性计算，目前有很多方法，其中最典型、最常用的是余弦相似性计算方法。对于任意

2 个商品 k 和 j，它们之间的相似性计算公式为 $S_{kj} = \dfrac{\sum\limits_{l=1}^{m} a_{lk} a_{lj}}{\sqrt{k(o_k) k(o_j)}}$，其中 a_{lk} 和 a_{lj} 分别表示商品 k 和商品 j 被用户 l 选择的情况，有选择为 1，否则为

0；$k(o_k)$ 和 $k(o_j)$ 分别表示商品 k 和商品 j 的度。 对于一个长度为 L 的推荐列表而言，需要计算 $L(L-1)/2$ 与商品组合的相似性，我们用 $I_l = \langle S_{kj} \rangle$ 来表示一个目标用户的平均内部相似性，用所有用户的平均内部相似性的平均值 I 来衡量推荐结果的多样性。

5）海明距离

个性化推荐方法的一个重要特点就是能给不同的用户推荐不同的商品，此时就需要体现不同推荐列表之间的差异性。 这里用海明距离来衡量。 对于任意 2 个用户 i 和 l，他们的推荐列表之间的距离为 $H_{il} = 1 - \dfrac{Q}{L}$，其中 Q 表示 2 个用户推荐列表中重叠的商品数量，L 是推荐列表的长度。 海明距离越大，推荐结果越具有多样性，推荐方法的性能也越好。

5.1.4 实验验证

为了测试基于本体情境和信任关系的推荐方法的性能，我们将实验分成两部分进行，第一部分使用前文提及的 2 个标准真实数据集 MovieLens 和 Book-Crossing 确定推荐模型的最优参数值。 在该实验中，我们测试改进的协同过滤方法的性能，即测试不经过聚类，直接采用改进的协同过滤方法生成的推荐结果的质量。 之所以选择这样的测试方式，是为了验证模型最优参数值在第二部分实验的数据集数量发生变化时同样有效，以及验证聚类对推荐质量的提高起到一定的作用。 第二部分依然采用标准数据集 MovieLens 和 Book-Crossing 测试基于本体情境和信任关系的协同过滤方法的推荐质量。 在测试过程中，模型的参数值选取第一部分实验得出的最优参数值，此外该方法事先进行了用户聚类。

下面简单介绍上述 2 个数据集。 MovieLens 数据集包括用户数据表、电影数据表和评分数据表，其中评分数据表包含 3 个维度信息：943 个用户，1 682 部电影及 100 000 个打分记录。 每一个用户至少给 20 部电影打过分，分值的范围是 1 到 5 分且是离散值，最低分 1 分表示用户最不喜欢，最高分 5 分表示用户最喜欢，这些信息将用于计算用户之间的相似性。 用户数据表中的信息包括性别、年龄、职业和邮政编码信息（可以判断所在地域）。 电影数据表中的信息包括电影年代和类型等。 这些和用户相关的本体情境信息将被我们用于用户聚类。 Book-Crossing 数据集包括用户数据表、书籍表和评分数据表。 它的评分数据表包含 3 个维度信息：278 858个用户（匿名），271 379 本书籍，1 149 780 个打分记录（隐式打分/显式打分），显式的分值范围是 1 到 10 分且是离散值，隐式的分值为 0 分，最低分 1 分表示用户最不喜欢，最高分 10 分表示用户最喜欢，0 分表示用户没有表明喜欢或不喜欢。 每一个用户对应一个登录账号，并且包含地域、年龄等人口统计学属性（Demographic Feature）信息（以匿名的形式保存并供分析），我们将利用这些本体情境信息对用户进行聚类。

在实验前，我们同样需要对 2 个数据集的数据进行预处理。 我们认为，打分的分值能够代表用户对某商品的喜好，分值越高说明用户对该商品越青睐。 对于 MovieLens 数据集，分值在 3 分及以上的电影可能才是用户喜欢的，因此只要采用打分大于等于 3 的数据即可，并设定用户对电影的偏好值 $v_{ij} = \{5, 4, 3\}$。 对于 Book-Crossing 数据集，我们考虑分值在 5 分及以上的书籍可能才是用户喜欢的，并在它们之间产生一条连边 $a_{ij} = 1$，同时在分值为 0 的书籍和相应的用户之间也产生连边 $a_{ij} = 1$，并设定偏好值 $v_{ij} = \{10, 9, 8, 7, 6, 5, 1\}$，其中 1 对应的是打分为 0 的隐式偏好（取 1 是为了弱化隐式偏好的影响）。 在实验过程中将通过对模型参数的调整，使推荐效果达到最优。 考虑到这 2 个标准真实数据集没有时间维度，因此不进行用户兴趣漂移的处理，在现实生活中用户的兴趣还是相对稳定的。 在第 5 章进行的基于复杂情境的推荐方法实验验证时，我们将选取多维度的真实数据集进行综合验证。 最后我们依然将每一个数据集分为两部分，80％的数据作为训练集，剩下 20％的数据作为测试集。 实验的开发语言为 Java，所有方法都用 Java 编写，操作系统采用 Linux。

1）参数确定

在改进的协同过滤推荐模型中涉及参数 α，需要通过实验确定其最优值。 根据前人的研究结果，我们预测 α 的最优取值范围应该在 1.6 至 2 之间。 参数 α 为正值，表明了不流行的商品对 2 个用户之间的相似性贡献较大，流行的商品贡献较小。 为了快速求得参数 α 的最优值，我们在迭代的过程中仍然采用二分搜索的思路。 考虑到参数值会取到小数点后两位，因此迭代中每 2 个值之间的间距设为 0.01，即步长为 0.01。 上述策略可以有效地降低计算的复杂度，减少内存的消耗。

图 5-2 展示了在不同的数据集下，改进的协同过滤推荐方法的测试指标排名得分随参数 α 值的变化而变化的情况（推荐列表长度 $L=50$）。 从图中可以看出，当 $\alpha=1.86$ 时，2 个数据集下的排名得分值都降到最小，即用户潜在喜欢的商品被排在了高位置。 该结果表明，在两个用户之间的相

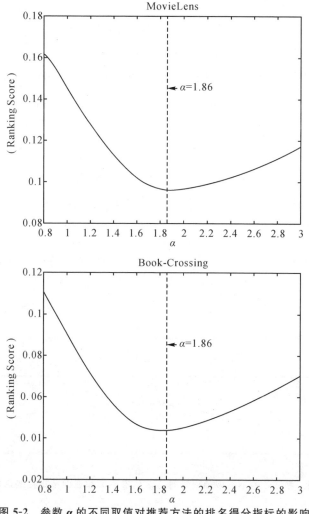

图 5-2 参数 α 的不同取值对推荐方法的排名得分指标的影响

似性计算中，不流行的商品贡献比较大。 该方法能够发现用户独有的兴趣爱好，可以提高推荐结果的精确性及增加推荐结果的多样性。 当然在实际应用中，用户也可以根据自己的需求调整参数 α 的值。

在数据集 MovieLens 和 Book-Crossing 及推荐列表长度 L 为 50 的条件下，参数值取 1.86 时，排名得分（$\langle r \rangle$）均达到最小。 当前的实验结果来自对数据进行的 5 次随机的按 80% 测试集、20% 训练集分割的平均。

准确率和召回率 2 个指标经常被用于衡量推荐方法在有效性和高效性上的表现。 当增加推荐列表的长度时，可以增加用户潜在喜欢商品的命中个数，进而提高了召回率，但是可能会降低推荐的准确率（事实证明，召回率提高基本会使准确率降低）。 因此，需要在准确率和召回率之间找到一个平衡，使其有较高准确率的同时又有较高的召回率。 在一个合适的推荐列表长度下，准确率体现了推荐方法的查准率，召回率体现了推荐方法的查全率。 一般而言，推荐列表的长度不超过 100，即推荐的商品个数不超过 100 个。 图 5-3 展示了在 MovieLens 数据集下，推荐列表长度 $L=50$ 时，测试指标准确率和召回率随参数 α 值的变化而变化的情况。 从图中可以看出，当参数 $\alpha=1.86$ 时，推荐结果的准确率和召回率均达到最高。 此外，当 $\alpha \in (1.84, 1.88)$ 时，推荐结果的准确率及召回率均保持在一个较高的水平。

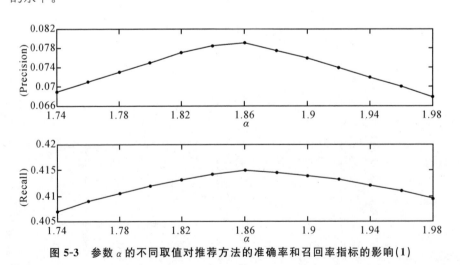

图 5-3　参数 α 的不同取值对推荐方法的准确率和召回率指标的影响（1）

在数据集 MovieLens 和推荐列表长度 $L=50$ 的条件下，参数值取 1.86 时，2 个指标均达到最高值。当前的实验结果来自于对数据进行的 5 次随机的按 80％测试集、20％训练集分割的平均。

图 5-4 展示了在 Book-Crossing 数据集下，推荐列表长度 $L=50$ 时，测试指标准确率和召回率随参数 α 值的变化而变化的情况。从图中同样可以看出，当参数 $\alpha=1.86$ 时，推荐结果的准确率和召回率也同时达到了最高。此外，当 $\alpha \in (1.84，1.88)$ 时，推荐结果的准确率及召回率均保持在一个较高的水平。

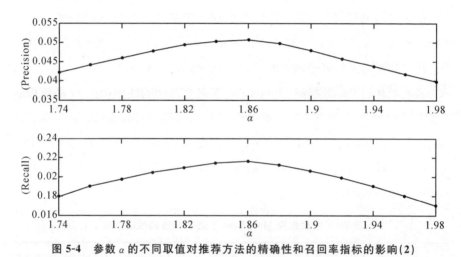

图 5-4　参数 α 的不同取值对推荐方法的精确性和召回率指标的影响(2)

在数据集 MovieLens 和 Book-Crossing 及推荐列表长度 L 为 50 的条件下，参数值取 1.86 时，2 个指标均达到最高值。当前的实验结果来自于对数据进行的 5 次随机的按 80％测试集、20％训练集分割的平均。

通过上述 3 个指标的测试，我们迭代求得模型中参数的最优值为 1.86。在该值下，我们的推荐方法达到了最优的精确性，同时实现了最高的召回率。而多样性指标内部相似性和海明距离将在下一小节进行测试。

2）实验结果

为了便于记忆，我们将改进的协同过滤推荐方法命名为 Modified Collaborative Filtering，简称为 CF-M；将基于本体情境和信任关系的协同过滤推荐方法命名为 MCFC。 测试用数据集除了上节提到的 MovieLens 和 Book-Crossing，新加入用于测试基于人工蜂群算法的 K-means 聚类算法效果的 13 个标准数据集。 这 13 个标准数据集来源于加州大学欧文分校整理的用于测试机器学习方法性能的数据库。

我们先描述改进的协同过滤推荐方法的测试过程，在上一节中已经确定了模型的最优参数值；随后将选取应用广泛的推荐方法作为比照对象，这里我们选取标准的协同过滤方法（CF）和改进的协同过滤方法（MCF），比较这两种方法的优劣性。 我们通过 5 个评价指标（3 个指标用于测试方法的精确性，2 个指标用于测试方法的多样性）反映各个方法性能上的优劣。 表 5-1 给出了在数据集 MovieLens 下 3 种方法的性能表现，其中推荐列表长度分别选取了 30，40 和 50。

表 5-1 展示了在数据集 MovieLens 下各个方法的性能优劣。 推荐列表长度 L 分别为 30，40 和 50。 测试指标为排名得分、准确率、召回率、内部相似性和海明距离。 其中，MCF 中的参数 $\alpha=1.85$，CF-M 中的参数 $\alpha=1.86$。 当前的实验结果来自于对数据进行的 5 次随机的按 80％测试集、20％训练集分割的平均。

表 5-1　在数据集 MovieLens 下各个方法的性能优劣

	Ranking Score	Precision	Recall	Intra-similarity	Hamming Distance
$L=30$					
CF	0.148	0.077	0.321	0.316	0.704
MCF	0.131	0.087	0.360	0.304	0.751
CF-M	0.122	0.093	0.374	0.287	0.781
$L=40$					
CF	0.137	0.071	0.332	0.328	0.698
MCF	0.121	0.080	0.373	0.317	0.743
CF-M	0.117	0.086	0.390	0.276	0.772
$L=50$					
CF	0.125	0.066	0.343	0.342	0.692

	Ranking Score	Precision	Recall	Intra-similarity	Hamming Distance
MCF	0.110	0.072	0.385	0.330	0.735
CF-M	0.099	0.078	0.405	0.265	0.763

在推荐列表长度为 50 的情形下，比较 CF-M 和 CF，我们发现排名得分指标值降低了 20.8％；进一步比较 CF-M 和 MCF，发现排名得分指标值降低了 10.0％。 由排名得分指标的概念及含义可知，其指标值越低，推荐的精确性越高。 该比较结果表明，CF-M 要优于其他 2 个方法。 随后，继续比较我们的方法 CF-M 和其他的方法在准确率、召回率、内部相似性和海明距离指标下的表现，同样可以发现，CF-M 要优于 CF 及 MCF。 针对推荐列表长度为 30 和 40 的情形，我们对比得出，CF-M 在 5 个度量指标下均取得最好值：最小的排名得分值，最高的准确率，最高的召回率，最小的内部相似性及最大的海明距离。 因此，可以得出我们改进的方法提高了推荐的精确性，增加了多样性。

由于 Book-Crossing 数据集比 MovieLens 数据集稀疏得多，在推荐列表长度的选取上应不低于 50。 表 5-2 给出了在数据集 Book-Crossing 及推荐列表长度分别为 50，60 和 70 的情形下，各个方法的优劣性比较。 测试指标依然为排名得分、准确率、召回率、内部相似性和海明距离。 从表中可以看出，CF-M 要优于 CF 和 MCF，特别在精确性上有了较大的提升，同时增加了推荐的多样性。 其中，MCF 中的参数 $\alpha = 1.85$，CF-M 中的参数 $\alpha = 1.86$。 当前的实验结果来自于对数据进行的 5 次随机的按 80％测试集、20％训练集分割的平均。

表 5-2　在数据集 Book-Crossing 下各个方法的性能优劣

	Ranking Score	Precision	Recall	Intra-similarity	Hamming Distance
$L=50$					
CF	0.056	0.039	0.181	0.374	0.519
MCF	0.052	0.044	0.192	0.338	0.547
CF-M	0.046	0.049	0.207	0.293	0.624

续　表

	Ranking Score	Precision	Recall	Intra-similarity	Hamming Distance
$L=60$					
CF	0.046	0.037	0.201	0.395	0.511
MCF	0.044	0.042	0.214	0.352	0.536
CF-M	0.038	0.047	0.229	0.318	0.612
$L=70$					
CF	0.042	0.032	0.228	0.421	0.497
MCF	0.040	0.036	0.243	0.375	0.522
CF-M	0.033	0.041	0.256	0.323	0.589

在基于本体情境和信任关系的协同过滤推荐方法中，计算量集中在用户之间的相似性计算，即改进的协同过滤方法会消耗较大的时间和内存，相比之下用户聚类的计算时间复杂度较小。 在实际应用中，人们还会考虑方法的可调节性，对于具有参数的模型而言，其可调节性将通过该参数的变化实现。 对于我们的推荐方法 CF-M，当设定参数 $\alpha=0$ 时，推荐效果等同于标准的协同过滤方法；当设定参数 $\alpha<0$ 时，用户对商品偏好的综合衡量度反比于该商品的 $|v_{li}-v_{lj}|$ 算子，正比于该商品的度 $k(o_l)$，表明该方法将倾向于推荐流行的商品给目标用户。 但这并不是用户所期望的，流行的商品不通过机器推荐，其相关信息也能被用户获取到。 另外，用户也希望通过机器的推荐挖掘出自己潜在的兴趣。 当设定参数 $\alpha>0$ 时，用户对商品偏好的综合衡量度正比于该商品的 $|v_{li}-v_{lj}|$ 算子，反比于该商品的度 $k(o_l)$，表明该方法将倾向于推荐不流行的商品给目标用户。 在这种情形下，有助于体现用户独有的兴趣爱好，同时也能帮助用户挖掘出潜在的兴趣。 实验证明，当参数 $\alpha>0$ 时，能够提高推荐的精确性及增加推荐的多样性，这也符合我们的预期。 最后我们需要估算方法的计算时间复杂度，计算时间复杂度对在线推荐系统而言也非常重要。 我们假定有 m 个用户，n 个商品，$\langle k_u \rangle$ 和 $\langle k_o \rangle$ 分别表示用户和商品的平均度，在电子商务平台中用户的数量往往远大于商品的数量（诸如 2015 年阿里巴巴天猫商城的"双十一"活动，面向上亿的消费者提供 600 万种商品供其选择），而且

用户真正选择的商品很少，即构成的用户—商品矩阵非常稀疏，由此可知，$m > n \gg \langle k_u \rangle$ or $\langle k_o \rangle$。根据模型的表达公式得出，CF-M 的计算时间复杂度近似为 $O(m^2 + mn)$。

第二部分实验将测试完整的推荐方法的性能，即测试基于本体情境和信任关系的协同过滤方法的推荐质量。测试用数据集依然来自 MovieLens 和 Book-Crossing 数据集。由于在用户相似性计算前增加了用户聚类操作，聚类效果的好坏会影响后续相似性计算质量的高低，需要对本节提出的基于人工蜂群算法的 K-means 聚类算法进行聚类效果的评估，如果聚类效果不佳，将再采用典型的 K-means 聚类算法进行操作。通常测试聚类效果会选用分类数据集，通过对聚类簇和分类簇的对比，衡量聚类结果的质量。在此，我们选取 UCI 上的 13 个标准分类数据集来测试聚类质量。

我们采用的聚类质量评估方法为内部度量法，该度量方法包含两种衡量指标：聚类内部距离度量和聚类间距离度量。聚类内部距离是指聚类簇内各个数据与它们对应的簇中心的距离之和，反映了聚类簇的紧凑性和聚类方法的有效性；而聚类间距离是指各个聚类簇中心到全局数据中心（所有数据的平均值）的距离之和。对于优秀的聚类算法而言，聚类内部距离应该较小，聚类间距离应该较大。

根据内部度量法的概念和含义，我们对其进行形式化表达。给定一个包含 n 个数据的数据集，初始聚类个数为 k，即这 n 个数据将被聚成 k 类。定义全局聚类内部距离为所有聚类内部距离的总和（每个聚类的内部距离为该聚类簇内所有数据到其中心的距离之和），相应的计算表达式为

$$D = \sum_{i=1}^{k} \sum_{p \in C_i} | p - m_i | \qquad (5\text{-}15)$$

其中，D 为全局聚类内部距离，P 为聚类簇内的任意数据，m_i 为簇 C_i 的中心即该簇内所有数据的均值。

如上所述，聚类间距离为各个簇中心（每个簇内所有数据的均值）到全局中心（所有数据的均值）的距离之和，其计算表达式为

$$L = \sum_{i=1}^{k} | m_i - m | \qquad (5\text{-}16)$$

其中，L 为聚类间距离，m 为全局数据的均值，m_i 为簇 C_i 的中心即该簇内所有数据的均值。

由前文的描述可知，对于一个聚类算法而言，D 越小，L 越大，则聚类的质量越高。这里我们将指标 D 和 L 结合考虑，形成一个新的度量指标 D/L，D/L 的值越小表明聚类的质量越好。实验中我们比较基于人工蜂群算法的 K-means 聚类算法和传统的 K-means 聚类算法的聚类质量。实验结果证明基于人工蜂群算法的 K-means 聚类算法要优于传统的 K-means 聚类算法。

验证了基于人工蜂群算法的 K-means 聚类算法的有效性后，我们需要测试聚类算法对用户相似性计算的影响作用。实验中依然采用标准数据集 MovieLens 和 Book-Crossing。利用 MovieLens 数据集中的用户数据表信息（性别、年龄、职业和邮政编码信息）及电影数据表信息（电影年代和类型等信息）对该数据集中的用户进行聚类；而后通过用户—电影评分表中的相应数据计算同一个簇内用户之间的相似性。同样，对于 Book-Crossing 数据集，利用其用户数据表信息（人口统计学属性信息：地域、年龄）和书籍数据表信息（书籍的基本信息）对该数据集中的用户进行聚类；随后使用评分数据表对聚类后的用户进行相似性计算。

进行用户聚类前，需要确定 MovieLens 数据集和 Book-Crossing 数据集的分类数 k（即将数据分为多少类），参照前文对最优 k 值选择的阐述，我们设定 MovieLens 数据集的 k 值为 15，Book-Crossing 数据集的 k 值为 146 [基于 $k \leqslant (\sqrt{n}-1)/2$ 的准则，直接设定 $k=(\sqrt{n}-1)/2$。原因在于聚类算法作为无监督学习数据挖掘方法，不能通过训练样本得出最优模型，即不能判定 k 值，所以对于数据集 MovieLens 和 Book-Crossing 这种非分类数据集，无法通过其去确定最优 k 值]。

推荐列表长度的选择及对比的算法选择与前文实验保持一致，即针对 MovieLens 数据集，推荐长度分别选取 30，40 和 50 进行测试；针对 Book-Crossing 数据集，推荐长度分别选取 50，60 和 70 进行测试。对比的推荐算法上，我们依然选取基于协同过滤思想构建的方法 CF，MCF，NN-CosNgbr（非标准化余弦最近邻方法），MCFC，此外加上未经过聚类的改进协同过滤方法 CF-M。 评价指标为排名得分、准确率、召回率、内部相似性和海明距离，与前相同。 前 3 个指标用于测量推荐结果的精确性，后两个指标用于测量推荐结果的多样性。 表 5-3 和表 5-4 分别展示了不同的推荐方法在不同的推荐列表长度下的性能表现。

表 5-3　数据集 MovieLens 下各个方法的性能优劣

	Ranking Score	Precision	Recall	Intra-similarity	Hamming Distance
$L=30$					
CF	0.148	0.077	0.321	0.330	0.704
MCF	0.131	0.087	0.360	0.306	0.751
NN-CosNgbr	0.124	0.085	0.352	0.311	0.744
CF-M	0.122	0.093	0.374	0.287	0.781
MCFC	0.120	0.094	0.375	0.286	0.782
$L=40$					
CF	0.137	0.071	0.332	0.338	0.698
MCF	0.121	0.080	0.373	0.317	0.743
NN-CosNgbr	0.120	0.079	0.369	0.320	0.736
CF-M	0.117	0.086	0.390	0.276	0.772
MCFC	0.115	0.088	0.393	0.274	0.776
$L=50$					
CF	0.125	0.066	0.343	0.347	0.692
MCF	0.110	0.072	0.385	0.330	0.735
NN-CosNgbr	0.109	0.070	0.381	0.334	0.729
CF-M	0.099	0.078	0.405	0.265	0.763
MCFC	0.097	0.079	0.406	0.263	0.764

注：MCF 中的参数 $\alpha=1.85$，CF-M 和 MCFC 中的参数 $\alpha=1.86$。 当前的实验结果来自对数据进行的 5 次随机的按 80% 测试集、20% 训练集分割的平均。

通过表 5-3 中的指标值比较，我们发现，在推荐列表长度为 50 的情形下，以指标排名得分和准确率为例，MCFC 的排名得分值相比传统的 CF 方法的排名得分值降低了 22.4%，相比 MCF 的排名得分值降低了 11.8%；

MCFC 方法的准确率值相比传统的 CF 的准确率值提高了 19.7%，相比 MCF 的准确率值提高了 9.7%。比较 MCFC 和 NN-CosNgbr 及 CF-M 的排名得分值及准确率值，同样得出 MCFC 要优于 NN-CosNgbr 和 CF-M。此外，我们比较 CF、MCF、NN-CosNgbr、CF-M 和 MCFC 在指标召回率、内部相似性和海明距离下的性能表现，可以看出，MCFC 依然是最优的。分析推荐列表长度为 30 和 40 的情形下 MCFC 的性能，从表中可知，MCFC 在 5 个指标上的表现均优于其余 4 个方法，无论是精确性还是多样性都有着不小的提升。

对比表 5-4 和表 5-3 中的数据，我们发现，表 5-4 中各项指标值都有所降低，原因是 Book-Crossing 数据集相比 MovieLens 数据集要稀疏得多，这就导致推荐方法的性能有所下降。同样以推荐列表长度 $L=50$ 为例，对比 MCFC 的各个评价指标值和 CF 的各个评价指标值，可知 MCFC 要优于 CF。此外，比较 MCFC、MCF、NN-CosNgbr 及 CF-M，在 5 个测试指标上，MCFC 依然是最优的。观察推荐列表长度 $L=60$ 的条件下各个方法的性能表现我们发现，相比 CF，MCFC 的排名得分值降低了 19.6%，准确率值提高了 29.7%。在召回率、内部相似性和海明距离指标上，MCFC 同样表现突出。对比 NN-CosNgbr，MCFC 的排名得分值降低了 13.9%，准确率值提高了 17%，召回率值增加了 7.5%，内部相似性值减小了 10.5%，海明距离值增大了 15.8%。对比 MCF，MCFC 具有更低的排名得分，更高的准确率，更高的召回率，更小的内部相似性及更大的海明距离。最后我们观察推荐列表长度 $L=70$ 的条件下各个方法的性能表现，从结果可知 MCFC 要优于 CF，MCF，NN-CosNgbr 和 CF-M。通过对表 5-3 和表 5-4 的分析，可得出我们的方法具有较好的精确性及一定的多样性。

表 5-4　展示了在数据集 Book-Crossing 下各个方法的性能优劣

	Ranking Score	Precision	Recall	Intra-similarity	Hamming Distance
$L=50$					
CF	0.056	0.039	0.181	0.374	0.519

	Ranking Score	Precision	Recall	Intra-similarity	Hamming Distance
MCF	0.052	0.044	0.192	0.338	0.547
NN-CosNgbr	0.051	0.043	0.190	0.339	0.545
CF-M	0.046	0.049	0.207	0.293	0.624
MCFC	0.045	0.050	0.209	0.286	0.627
$L=60$					
CF	0.046	0.037	0.201	0.395	0.511
MCF	0.044	0.042	0.214	0.352	0.536
NN-CosNgbr	0.043	0.041	0.214	0.353	0.532
CF-M	0.038	0.047	0.229	0.318	0.612
MCFC	0.037	0.048	0.230	0.316	0.616
$L=70$					
CF	0.042	0.032	0.228	0.421	0.497
MCF	0.040	0.036	0.243	0.375	0.522
NN-CosNgbr	0.040	0.035	0.242	0.376	0.520
CF-M	0.033	0.041	0.256	0.323	0.589
MCFC	0.032	0.042	0.257	0.322	0.591

注：MCF 中的参数 $\alpha=1.85$，CF-M 和 MCFC 中的参数 $\alpha=1.86$。当前的实验结果来自于对数据进行的 5 次随机的按 80％测试集、20％训练集分割的平均。

当一个新的推荐方法在线应用时需要考察该方法的执行效率及推荐质量。推荐质量已通过前面的实验进行了验证，在标准数据集上的测试结果表明 MCFC 是有效的，而且推荐质量也优于其他一些推荐方法。推荐方法的执行效率通常由方法的计算时间复杂度和内存消耗来衡量。基于本体情境和信任关系的协同过滤方法的计算时间复杂度主要由两部分组成，第一部分为用户的聚类计算，第二部分为用户相似性计算及推荐列表的产生。我们首先估算用户聚类计算的时间复杂度，由基于人工蜂群算法的 K-means 聚类算法的迭代过程可知，该方法的计算时间复杂度近似于 $O(tkml)$，其中 k 表示聚类个数，m 表示用户数，t 表示迭代次数，l 表示数据维度，通常迭代次数和数据维度较小，所以聚类的时间复杂度近似于

$O(km)$。 由前文可知，用户相似性计算和推荐列表产生部分的计算时间复杂度近似为 $O(m^2+mn)$，其中 m 为用户数，n 为商品数量。 该时间复杂度是基于全用户之间互相比较计算得出的，由于前期进行了用户聚类，经过聚类后每个用户需要比较的用户数量相应减少（比较的数量和聚类簇的大小相关），从而使时间复杂度也有所降低。 综上所述，基于本体情景和信任关系的协同过滤推荐方法的整体时间复杂度近似于 $O(m^2+mn)$。 由此可见，用户聚类计算虽然增加了一定的计算时间复杂度，但用户相似性计算的时间复杂度降低了，所以整体方法的计算时间复杂度依然在可接受的范围内。 在内存消耗上，MCFC 需要 m^2（计算机会转换成相应的字节数）的存储空间存储数据。 从计算时间复杂度和内存消耗这 2 个衡量指标来看，基于本体情境和信任关系的协同过滤推荐方法和标准的协同过滤推荐方法是近似的，但前者的推荐质量却要远远好于后者。

除此之外，我们需要考察推荐模型的可调节性，对于一个在线推荐系统而言，推荐方法的可调节性同样重要。 本推荐方法的可调节参数包括聚类个数 k 及参数 α。 聚类个数 k 可以控制用户聚类簇的大小，即影响用户的粗细划分，进而作用于后续用户之间相似性的计算。 如果划分较细致，每个聚类簇中的用户数量就相对较少，在提高推荐精确性的同时可能会降低推荐的多样性，如果划分较粗，每个聚类簇中的用户数量就相对较多，会降低推荐的精确性。 参数用来控制流行的商品和不流行商品的贡献度，即最后生成的推荐列表中是流行商品排序靠前还是不流行商品排序靠前。当设定参数 $\alpha=0$ 时，流行商品和不流行商品的贡献度是一样的，用户之间的相似性计算变为标准的协同过滤相似性计算；当设定参数 $\alpha<0$ 时，流行商品的贡献度大于不流行商品，使得产生的推荐列表中流行的商品会排在靠前的位置，这显然不利于实现推荐结果的多样性；当设定参数 $\alpha>0$ 时，不流行商品的贡献度大于流行商品，使得产生的推荐列表中不流行的商品会排在靠前的位置，这有助于体现用户独有的兴趣爱好，同时也能帮助用户挖掘潜在的兴趣。

对于用户个性化推荐中最容易遇到的冷启动问题和数据稀疏性问题，

MCFC 也可以较好地解决这些问题带来的困扰。本方法可以通过前期的用户聚类操作，将具有相似本体属性的用户聚在一起，我们认为具有相似本体属性的用户一般也会具有相似的兴趣爱好，所以可以根据同一簇中其他用户的兴趣爱好推测该用户的潜在偏好，由此产生的推荐列表也比直接推荐流行商品来得更科学合理。

5.2 复杂情境下基于社会网络协同过滤的个性化推荐

用户在社会网络中的位置关系及其强度都会影响用户的网络行为，社会网络关系强度是研究当前社会化网络下用户行为的重要内容之一。社会网络关系强度是指社交网络用户之间的信任与亲密程度，可以通过用户之间的交互行为与社交网络相关信息计算获取，其具体描述了具有直接关联关系的用户间的联系紧密性。一般用户之间交互越频繁，关系强度就越强；兴趣爱好相同或相似，交互主题相近，关系强度会越强；随着时间的推移，经常互动的用户之间的关系强度可能会越来越强，而长期不互动的用户之间的关系强度可能会越来越弱。所以，用户间的关系强度会受到社交网络用户的相似性、交互频率、交互时的情感倾向及时间等因素的影响。社会网络关系是相对稳定的，而社会网络关系的互动性是动态的（Bobadilla et al.，2012）。

社会网络关系（SNR）的形式可表达为

$$SNR = \langle U, N_{U \times U}, P \rangle \tag{5-17}$$

其中，$U = \{u_1, u_2, \cdots, u_m\}$，表示社会网络中的用户集合；$N_{U \times U}$ 则表示用户之间通过联系建立的网络；$P = P_{u_1} \cup P_{u_2} \cup \cdots \cup P_{u_m}$，其中 P_{u_1} 表示用户 u_1 在网络关系中发表的评论、标注、点赞、分享、转发及涉及 u_1 的互动内容等的集合。

社会商品关系（SCR）的形式可表达为

$$SCR = \langle A, N_{U \times A} \rangle \tag{5-18}$$

其中，$A = \{a_1, a_2 \cdots a_n\}$，表示平台上网络商品集合；$N_{U \times A} \in U \times A$ 表

示网络用户和商品之间的联系网络（包括购买、点评、分享等行为）。

由于本书研究偏重于社会化电子商务环境下的社会关系强度，其计算方法中融合了社会化网购相似性、社交网络互动性和社会群组相似性等信息。 也就是说，用户之间的社会关系强度（SR）是一个关于社会化网购相似性（SS）、社会网络互动性（SI）及社会群组相似性（SG）等的函数。其中，社会关系强度的形式可表达为

$$SR（u_i, f_j）= w_1 SS（u_i, f_j）+ w_2 SI（u_i, f_j）+ w_3 SG（u_i, f_j）$$

$$(5\text{-}19)$$

其中，w_i 表示各个因子的权重，$SS（u_i, f_j）$ 则表示用户 u_i 与其好友 f_j 之间的社会化网购相似性，$SI（u_i, f_j）$ 则表示用户 u_i 与其好友 f_j 之间的社会网络互动性，$SG（u_i, f_j）$ 则表示用户 u_i 与其好友 f_j 的社会群组相似性。

5.2.1　社会化网购相似性

用户 u_i 与其好友 f_j 之间的社会化网购相似性 $SS（u_i, f_j）$ 是一个与用户网购相似度 $Sim_B（u_i, f_j）$ 和社会化标注与评价相似度 $Sim_E（u_i, f_j）$ 有关的函数（琚春华等，2014）。 其形式可表达为

$$SS（u_i, f_j）= Sim_B（u_i, f_j）+ Sim_E（u_i, f_j） \tag{5-20}$$

其中，用户网购相似度 $Sim_B（u_i, f_j）$ 计算公式可表达为

$$Sim_B（u_i, f_j）= \frac{|A（u_i）\cap A（f_j）|}{\max（|A（u_i）|, |A（f_j）|）} \tag{5-21}$$

其中，$A(u_i)$ 和 $A(f_j)$ 分别表示用户 u_i 与好友 f_j 的网购信息。

社会化标注与评价相似度 $Sim_E（u_i, f_j）$ 计算公式可表达为

$$Sim_E（u_i, f_j）= \frac{|E（u_i）\cap E（f_j）|}{\max（|E（u_i）|, |E（f_j）|）} \tag{5-22}$$

其中，$E(u_i)$ 和 $E(f_j)$ 分别表示用户 u_i 与好友 f_j 的社会化标注与评价信息。

5.2.2　社交网络互动性

用户 u_i 与其好友 f_j 之间的社交网络互动性 $SI（u_i, f_j）$ 是一个与互动

量和互动内容领域有关的函数，其形式可表达为

$$SI\ (u_i,\ f_j) = \alpha Sim_I\ (u_i,\ f_j) = \frac{\alpha\ |\ Interac\ (u_i,\ f_j)\ |}{\max_{f_k \in F\ (u_i)}\ |\ Interac\ (u_i,\ f_k)\ |}$$

$$(5\text{-}23)$$

其中，$Interac\ (u_i,\ f_k) \subseteq P_{u_i}$ 表示相关内容领域的互动量，$F\ (u_i)$ 表示用户 u_i 的好友集合。

社交网络互动性的内容领域是由通过对社会化网购中的点赞、评论、分享和转发等行为进行"支持"与"不支持"的语义划分来衡量的。本节研究借鉴了胡熠等（2007）所提出的文本情感分类研究，提出了一种语言建模方法来检测文本的情感倾向。本章假设"支持"对应的语言模型和"不支持"对应的语言模型是不一样的，因为它们所使用的语言习惯是不同的，这样就可以通过比较语言模型之间的差异，区分出测试文本属于"支持"或"不支持"。

先根据训练集数据构建 2 种情感倾向的语言模型，再利用一个距离函数来分别比较测试文本的语言模型和这 2 种情感倾向的语言模型间的距离。语言模型被看作语言单元的概率分布，可以表示观察到这些语言单元的可能性。所以，可以将某个分布上的距离用于比较一个文本的语言模型和"支持"或"不支持"的语言模型。分类函数 ϕ 可表达为

$$\phi\ (d;\ \theta_S;\ \theta_N) = Dis\ (\theta_d;\ \theta_S) - Dis\ (\theta_d;\ \theta_N):\begin{cases}<0 & \text{``support''}\\ >0 & \text{``nonsupport''}\end{cases}$$

$$(5\text{-}24)$$

其中，θ_S 表示"支持"情感倾向的语言模型，服从 n-gram 概率分布。θ_N 表示"不支持"情感倾向的语言模型。θ_d 是一个由测试文本生成的语言模型。$Dis\ (\theta_d;\ \theta_p)$ 是 θ_d 分布与 θ_S 分布之间的距离，$Dis\ (\theta_d;\ \theta_N)$ 是 θ_d 分布与 θ_N 分布之间的距离。若 $Dis\ (\theta_d;\ \theta_S) < Dis\ (\theta_d;\ \theta_N)$，则意味着测试文本 d 更接近于"支持"的情感倾向；若 $Dis\ (\theta_d;\ \theta_S) > Dis\ (\theta_d;\ \theta_N)$，则意味着测试文本 d 更接近于"不支持"的情感倾向；若 $\phi\ (d;\ \theta_p;\ \theta_N) = 0$，则测试文本 d 的情感倾向将被认为是"中立"的。但本章研究中并未对"中立"情况进行讨论，因此使用相

对熵（Kullback-Leibler Divergence）进行对语言模型距离的测量。

用 $D(p \| q)$ 表示 2 个概率 $p(x)$ 和 $q(x)$ 间的相对熵，公式如下：

$$D(p \| q) = \sum_x Pr(x)\log\left[\frac{p(x)}{q(x)}\right] \qquad (5\text{-}25)$$

θ_d 和 θ_S 或 θ_N 间的信息熵可以用以下公式进行计算：

$$\begin{cases} D(\hat\theta_d \| \hat\theta_S) = \sum_{n\text{-}gram} Pr(n\text{-}gram \mid \hat\theta_d) \times \log\left[\frac{Pr(n\text{-}gram \mid \hat\theta_d)}{Pr(n\text{-}gram \mid \hat\theta_S)}\right] \\ D(\hat\theta_d \| \hat\theta_N) = \sum_{n\text{-}gram} Pr(n\text{-}gram \mid \hat\theta_d) \times \log\left[\frac{Pr(n\text{-}gram \mid \hat\theta_d)}{Pr(n\text{-}gram \mid \hat\theta_N)}\right] \end{cases}$$

$$(5\text{-}26)$$

其中，$\hat\theta$ 表示真实模型 θ 的估计模型。$Pr(n\text{-}gram \mid \hat\theta)$ 表示给定估计模型时 n-gram 的概率。将公式（5-26）代入公式（5-24）中，可以获得如下情感分类函数。

$$\phi(d; \hat\theta_S; \hat\theta_N) = Dis(\hat\theta_d \| \hat\theta_S) - Dis(\hat\theta_d \| \hat\theta_N)$$

$$= \sum_{n\text{-}gram} Pr(n\text{-}gram \mid \hat\theta_d) \times \log\left[\frac{Pr(n\text{-}gram \mid \hat\theta_N)}{Pr(n\text{-}gram \mid \hat\theta_S)}\right] \qquad (5\text{-}27)$$

本章研究所指交互活动还包括点赞、评论和转发等行为。当点赞行为发生时，则认为属"支持"情感类。当发生评论行为时，则根据评论内容，采用以上提到的语言模型方法确定其所属情感分类。当发生转发行为时，又分为带评语和不带评语 2 种情况。当不带评语时，则认为属"支持"情感类；当带评语时，则根据评论内容，采用以上提到的语言模型方法确定所属情感分类。根据情感分类结果，2 个用户间属于"支持"情感分类的交互活动越多，他们之间的交互性值就越大。由于本章所研究的是源用户对目标用户的单向关系强度，目标用户对源用户进行点赞、对源用户的状态进行评论和转发源用户所发的状态等一系列的行为中属"支持"情感类别的行为越多，源用户对目标用户的单向关系强度越强。

5.2.3 社会群组相似性

用户 u_i 与其好友 f_j 的社会群组相似度 $SG(u_i, f_j)$ 是一个与好友用户网购相似度 $Sim(u_i, f_j)$ 和群组关系 β 有关的函数，其形式表达如下：

$$SG\ (u_i,\ f_j) = \beta Sim_F\ (u_i,\ f_j) = \frac{\beta\ |\ F\ (u_i)\ \cap\ F\ (f_j)\ |}{\max\ (|\ F\ (u_i)\ |,\ |\ F\ (f_j)\ |)}$$

$$(5\text{-}28)$$

其中，$F\ (u_i)$ 表示用户 u_i 的好友集合。

计算了用户 u_i 与其好友 f_j 的社会关系强度 $SR\ (u_i,\ f_j)$，那么对用户 u_i 而言，基于关系强度和社交网络口碑的商品 a_k 推荐度的表达式如下：

$$SR_s\ (u_i,\ f_j) = \sum_{f_j \in F \cap A\ (a_k)} SR\ (u_i,\ f_j) \qquad (5\text{-}29)$$

其中，$f_j \in F \cap A\ (a_k)$ 表示用户 u_i 的好友中正好购买过商品 a_k 的用户。

5.3 参考文献

[1] HWANG C S，CHENY P，2007. Using trust in collaborative filtering recommendation [J]. New trends in applied artificial intelligence，4570 (4)：1052-1060.

[2] DEMEO P，NOCERA A，TERRACINA G，2010. Recommendation of similar users，resources and social networks in a social internet working scenario [J]. Information sciences，181 (1)：1285-1305.

[3] DERVIS K，2005. An idea based on honey bee swarm for numerical optimization，Technical Report-TR06 [R]. Erciyes University，Engineering Faculty，Computer Engineering Department.

[4] DERVIS K，CELAL O，2011. A novel clustering approach：artificial bee colony (ABC) algorithm [J]. Applied soft computing，11 (1)：652-657.

[5] HSIA T L，WU J H，LI Y E，2008. The e-commerce value matrix and use case model：a goal-driven methodology for eliciting B2C application requirements [J]. Information & management，45 (5)：321-330.

[6] JEONG B，LEE J，CHO H，2010. Improving memory-based collaborative

filtering via similarity updating and prediction modulation [J]. Information sciences, 180 (1)：602-612.

[7] CHUNHUA J, CHONGHUAN X, 2013. A new collaborative recommendation approach based on users clustering using artificial bee colony algorithm [J]. The scientific world journal, 2013 (3)：1-9.

[8] KLEIN A, BHAGAT P, 2010. We-commerce：evidence on a new virtual commerce platform [J]. Journal of business research, 4 (1)：107-124.

[9] LIANG T P, HO Y T, LI Y W, 2011. What drives social commerce：the role of social support and relationship quality [J]. International journal of electronic commerce, 16 (1)：69-90.

[10] LI Y, LU L, FENG L X, 2005. A hybrid collaborative filtering method for multiple-interests and multiple-content recommendation in e-commerce [J]. Expert systems with applications, 28 (1)：67-77.

[11] NI Y, XIE L, LIU Q Z, 2010. Minimizing the expected complete influence time of asocial network [J]. Information sciences, 180 (1)：2514-2527.

[12] PAN W K, YANG Q, 2013. Transfer learning in heterogeneous collaborative filtering domains [J]. Artificial intelligence, 197 (1)：39-55.

[13] RANGANATHAN C, GANAPATHY S, 2002. Key dimensions of business-to-consumer web sites [J]. Information & management, 39 (6)：457-465.

[14] CHONGHUAN X, 2013. Personal recommendation using a novel collaborative filtering algorithm in customer relationship management [J]. Discrete dynamics in nature and society, 2013 (1)：1-9.

[15] 刘润然，2011. 复杂网络上的几种动力学过程研究 [D].合肥:中国科学技术大学.

［16］琚春华，鲍福光，2012. 基于情境和主体特征融入性的多维度个性化推荐模型研究［J］. 通信学报，33（9A）:17-27.

［17］琚春华，鲍福光，许翀寰，2014. 基于社会网络协同过滤的社会化电子商务推荐研究［J］. 电信科学，30（9）:80-86.

［18］孟祥武，胡勋，王立才，等，2013. 移动推荐系统及其应用［J］. 软件学报，24（1）: 91-108.

［19］陶彩霞，谢晓军，陈康，等，2013. 基于云计算的移动互联网大数据用户行为分析引擎设计［J］. 电信科学，29（3）:30-35.

［20］杨善林，李永森，胡笑旋，等，2006. K-means 算法中的 k 值优化问题研究［J］. 系统工程理论与实践，26（2）:97-101.

［21］张海燕，孟祥武，2012. 基于社会标签的推荐系统研究［J］. 情报理论与实践，35（5）:103-106.

［22］张佩云，陈恩红，黄波，2013. 基于社会网络面向个性化需求的可信服务推荐［J］. 通信学报（12）:49-59.

［23］赵华，林政，方艾，等，2011. 一种基于知识树的推荐算法及其在移动电子商务上的应用［J］. 电信科学（6）: 54-58.

第 6 章
个性化推荐方法之综合推荐

除了应用最广泛的协同过滤推荐方法，还有不少高效的推荐方法。 本章重点研究基于资源扩散思想的推荐方法、基于矩阵因子分解的推荐方法及融入主体特征的多维度推荐方法。 同时，针对复杂情境的影响，提出相应的改进方法，并进行验证。

6.1 复杂情境下基于资源非均匀扩散的混合推荐

大部分电子商务网站的推荐系统都是由基于协同过滤和基于项目内容协同过滤的推荐方法搭建的，但其容易受数据稀疏性和冷启动问题的困扰，而且对历史数据的依赖性过强。 特别是在复杂情境下，推荐质量水平往往不高。 一方面局限于模型本身的设计，没有将复杂的情境因素融入其中；另一方面由于用户复杂情境数据的获取不足，使得改进的模型发挥不了应有的作用。 对于多数中小企业而言，目前自主经营的电子商务平台拥有较为丰富的商品类目及商品，但缺少用户量，同时积累的用户历史行为数据也相对较少，而且没有办法获取用户更多维度的信息。 在这种情况下，想要依赖改进的协同过滤方法以提升推荐质量水平就显得相对困难。事实上，任何个性化推荐方法的改进都需要有用户更丰富的维度数据的支持，每一个新增或改变的模型变量在实验验证或实际应用中都需要有与其对应的数据。 如果没有这些数据，新增或改变的模型变量就起不了应有的作用。

6.1.1　问题描述及研究思路

学者周涛在 2007 年提出的基于二部图资源分配的推荐方法给个性化推荐研究者们带来了新的思路。 该推荐方法的思想完全不同于协同过滤等方法通过计算用户之间的相似性找出与目标用户最相似的那些用户选择过而目标用户没有选择过的商品，经过预测计算排序后推荐给目标用户的思想。 其本质是利用二部分图上的热传导或者物质扩散这些动力学过程来对用户进行推荐。 正因此，该方法被广泛应用于各类电子商务平台。 如在阿里巴巴集团的电子商务平台淘宝网以前的推荐算法库里面，基于资源扩散的推荐方法是其中的核心算法之一；在百分点科技公司原来的主算法库里，该方法也是一个核心算法。

当然基于二部图资源扩散的方法也存在一些不足之处。 最大的不足在于该方法所设计的在网络上的资源扩散过程是均匀的，即每个节点扩散给与它相连节点的资源是相等的（或者说每个节点对资源的吸引力是相同的，所以能得到相等的资源）。 然而在现实生活中，每个用户或者商品在推荐过程中的影响作用是不一样的，他们的影响力（对资源的吸引力）应该和他们的度及对商品的评价（评分）相关（近似成一个比例关系）。 比如某个商品被很多用户选择，从用户偏好角度来分析，第一，该商品被用户选择就说明其是用户所喜欢的；第二，同样是喜欢，每个用户喜欢的程度肯定不一样，有的用户程度深，有的用户程度浅。 我们认为，那些被给予高度评价的商品应该具有更大的吸引力（类似用户在电子商务平台购买商品，面对同类或同样的商品，他们都会选择评分高的那些商品）。 除此之外需要注意的是，流行的商品在现实生活中更容易被用户接受但不一定是用户喜欢的，诸如热门电影会吸引很多并不喜欢该类题材电影的用户去观看，相反不流行的商品虽然不容易被大多数用户所接受，但它们更能够反映选择它们的用户的个人偏好。

综上所述，本节在分析各种因素的影响后，考虑到用户对共同商品打分的偏差（即偏好的不同程度）和商品流行度的影响，对原有的基于二部图资源分配的推荐方法进行改进。 这些影响作用将通过用户—对象节点所具备的不同吸引力来反映。 随后对两步资源扩散后商品节点获得的资源值大小进行排序，生成推荐列表。 针对用户兴趣漂移的处理将通过对训练数据按时间分段截取，动态调整模型的参数值来实现。 本方法的目的在于用最简单的方法、最小的代价显著提高推荐质量水平，包括推荐结果的精确性、多样性及新颖性。

6.1.2　基于资源非均匀扩散的推荐模型

推荐方法的一个重要目的在于根据用户的历史行为数据来判断用户未来可能会购买的商品。 换句话说，对于任意一个目标用户，推荐方法可以对他的历史行为数据进行分析，产生一个他从未购买过的商品的排序列表，而后把这个序列中的前 L 个商品推荐给他，这里的 L 代表推荐列表的长度，通常不会超过 100。 基于资源非均匀扩散的推荐方法通过资源的来回扩散，形成商品端的资源值，并根据资源值大小产生一个面向目标用户的推荐列表，以此激发用户的潜在购买欲望，最终达成交易。

我们先假设有 m 个用户，n 个商品，对应的用户集为 $U=\{u_1, u_2, \cdots, u_m\}$，商品集为 $O=\{o_1, o_2, \cdots, o_n\}$。 如果用户 i 选择过（购买过）商品 j，那么用户 i 和商品 j 之间就会产生一条连接边 $a_{ij}=1$（$i=1, 2, \cdots, m$；$j=1, 2, \cdots, n$），反之用户 i 和商品 j 之间就无连接边，即 $a_{ij}=0$。 用户和商品之间的连接边实际上表示的是一种选择（购买）关系。 依据该假设构建出一个用户—商品的连接矩阵 $A=\{a_{ij}\}$，用户和商品的连接关系完全被包含在该矩阵中。

根据上一小节所描述的基于资源非均匀扩散推荐方法的思想，我们设定商品节点的影响力（对资源的吸引力或获取能力）各不相同，且通过变量 $k^\alpha(o_j)v_{lj}$ 反映，用户节点的影响力保持相同（对资源的吸引力相同）。其中，α 表示可调节的参数，该参数值通过仿真实验中依据目标函数最优求解而得；v_{lj} 表示用户 l 对商品 j 的偏好程度，通常可以由具体的分值或者评价反映，分值越高或者评价越好，说明该用户越喜欢这个商品。这里要说明的是，之所以不区分用户节点的影响力，是因为我们认为已有的用户度信息即用户购买（选择）商品的多少不能反映用户影响力（吸引力）的大小，也不能因此获取更多的资源。换言之，在对商品的兴趣维度上，用户的影响力是相等的，只有涉及人与人的关系时，影响力才体现出差异性。基于资源非均匀分配的过程具体分为 2 个步骤：资源从商品集扩散到用户集，然后再从用户集扩散回商品集。第一步，需要先初始化商品集对应的资源集即每个商品都对应一个相同的初始资源，设定资源集合为 $f = \{f_1, f_2, \cdots, f_n\}$。在资源分配过程中，每个商品节点把自身拥有的资源等分给与它有连接的用户节点，这样在商品集上的资源就转移到了用户集。第二步，将用户集上拥有的资源转移回商品集，这一步中由于每个商品节点的吸引力不同，获得的资源也不相等，吸引力大的商品节点可以获得更多的资源。此时商品集对应的资源集合就变成了 $f = \{f_1', f_2', \cdots, f_n'\}$。下面将详细描述资源非均匀扩散的过程（Ju et al.，2014）。

（1）首先初始化目标用户购买（选择）过的商品所拥有的资源。通常，先将给定目标用户选择过的商品的初始资源设为 1，没选择过的设为 0，这样可以得到一个 n 维的 0/1 矢量，用以表示该用户对应的商品的初始资源构成。接着每个商品节点把它拥有的资源均匀地扩散给与它相连的用户节点，每个用户所得到的资源和分配给他的商品的度相关，对于连接商品 j 的一个用户 l 来说，他从商品 j 那里得到的资源份额为

$$p_{lj} = \frac{a_{lj}}{\sum_{i=1}^{m} a_{ij}} \qquad (6-1)$$

其中，p_{lj} 表示用户 l 从商品 j 那里获得的资源份额；$\sum_{i=1}^{m} a_{ij}$ 等价于商品

j 的度，和商品 j 不相连的用户不会从该商品处获得资源。

（2）接着用户 l 再把他收到的资源扩散回与他相连的商品。商品对资源的获取能力与该商品的吸引力和该用户的度相关。根据前文所述，商品的吸引力受商品的度和用户对该商品的偏好（通过对商品的评分或评价反映）的影响。对于另一个商品 t，它收到用户 l 扩散给它的资源份额为

$$q_{tl} = \frac{a_{lt}k^{\alpha}(o_t)v_{lt}}{\sum_{s=1}^{n} a_{ls}k^{\alpha}(o_s)v_{ls}} \qquad (6\text{-}2)$$

其中，q_{tl} 表示商品 t 从用户 l 那里获得的资源份额，$k(o_t)$ 表示商品 t 的度，α 为调节因子，v_{lt} 表示用户 l 对商品 t 的偏好；同理，$k(o_s)$ 表示商品 s 的度，v_{ls} 表示用户 l 对商品 s 的偏好；$\sum_{s=1}^{n} a_{ls}$ 等价于用户的度。

（3）然后通过公式（6-1）和（6-2）可以得到商品 j 经用户 l 扩散给商品 t 的资源份额，其计算公式可表示为

$$w_{tj}^{l} = p_{lj}q_{tl} = \frac{a_{lj}a_{lt}k^{\alpha}(o_t)v_{lt}}{\sum_{i=1}^{m} a_{ij}\sum_{s=1}^{n} a_{ls}k^{\alpha}(o_s)v_{ls}} \qquad (6\text{-}3)$$

其中，w_{tj}^{l} 表示商品 t 经用户 l 从商品 j 处获得的资源份额。

（4）最后商品 j 经所有用户可以扩散给商品 t 的资源份额可表示为

$$w_{tj} = \sum_{l=1}^{m} w_{tj}^{l} = \sum_{l=1}^{m} p_{lj}q_{tl} = \frac{1}{\sum_{i=1}^{m} a_{ij}} \sum_{l=1}^{m} \frac{a_{lt}a_{lj}k^{\alpha}(o_t)v_{lt}}{\sum_{s=1}^{n} a_{ls}k^{\alpha}(o_s)v_{ls}} \qquad (6\text{-}4)$$

其中，w_{tj} 表示商品 j 经所有用户最终可以扩散给商品 t 的资源总份额。如果 $\alpha = 0$ 且用户对商品的评分值相等（用户对商品的偏好完全一致），此时该模型就回到了周涛（2007）提出的经典模型，物质的扩散是一个均匀的过程；如果 $\alpha > 0$，拥有较大吸引力的商品节点将获得更多的资源，即资源倾向于向综合度大的商品节点扩散；如果 $\alpha < 0$，拥有较小吸引力的商品节点将获得更多的资源，即资源倾向于向综合度小的商品节点扩散。通过调节参数 α，我们就可以研究不同的物质扩散形式对推荐结果精确性和多样性的影响。所有商品之间的关系都可以用这两步扩散方法得到并由 $W = \{w_{tj}\}$ 表示。

（5）推荐商品列表的生成。 对于不同的目标用户，其商品集的初始化资源构成是不同的，这里假设经过两步资源扩散后，商品的资源集变为 $f=\{f'_1,f'_2,\cdots,f'_n\}$，则整个资源扩散过程可用公式表达为：

$$f=Wf \tag{6-5}$$

其中，$W=\{w_{ij}\}$ 表示资源分配矩阵。

得到新的资源集合 f 后，便对商品集合中的商品进行排序。 首先，在排序之前，将用户已经选择过（购买过）的商品的资源值置零，目的在于只推荐给用户自身没有选择过的商品。 随后，根据商品对应的资源值的大小进行排序，资源值越大的商品排名越靠前。 最后，生成面向目标用户的推荐列表，将该列表中前 L 个商品推荐给用户，我们认为排名越靠前的商品，目标用户喜欢的概率越大。

6.1.3 推荐效果评价指标

为了评估方法的性能，我们采用一些标准的度量指标，主要用于测量推荐结果的精确性和多样性，就一个推荐方法的性能而言，精确性始终是第一要素。 本节参考众多文献确定了 7 项评价指标：排名得分、准确率、召回率、倒排序值（Mean Reciprocal Rank）、内部相似性、海明距离和流行度（Degree of Popularity）。 其中，前 4 个指标用于测量推荐结果的精确性，后 3 个指标用于测量推荐结果的多样性，每个指标的具体描述如下：

1）排名得分

该指标经常被用于衡量和评估推荐结果的精确性，具体内涵前已表述，在此不再赘述。 例如，确定一个目标用户，经过计算为其产生了长度为 $L=100$ 的推荐列表，即向该用户推荐了 100 个商品，假设这个用户在实际购物中选择了某一个商品，该商品在推荐列表中的位置序号是 10，那么 $r_{ij}=10/100=0.1$。 我们把用户选择过的商品的平均位置比例值定义为 $\langle r\rangle$，$\langle r\rangle$ 即为排名得分指标。 对于一个用户而言，提供给他的推荐列表可以很长，但他通常只会关注排名靠前的那些商品，所以推荐系统向用户进行商品推荐的时候，都会控制推荐列表的长短，一般推荐的商品的数目不会超过 100。 在有限的推荐列表长度下，排名得分值越小，说明推荐的精确性越高。

2）准确率

具体内涵前已说明，在此不再赘述。 准确率实际上是一个非常直观的评价指标，应用广泛。

3）召回率

具体内涵前已说明，在此不再赘述。 对于指标召回率而言，它所测试的方法的精确性和 L 的长度息息相关。 如果把所有的商品都推荐给用户，那召回率可以达到百分之百，但这不符合实际，而且 L 的大小也关系着准确率值的高低，所以 L 的值依然会小于 100。

4）倒排序值

倒排序值是一个国际上通用的对搜索查询反馈评估的统计指标，其表达式为 $MRR = \dfrac{1}{a} \sum\limits_{i=1}^{a} \dfrac{1}{rank_i}$。其中，$a$ 表示目标用户实际购买的且出现在该推荐列表中的商品数目，$rank_i$ 表示目标用户实际选择的商品 i 在推荐列表 L 中的位置。 该指标的计算参数和排名得分的相似，从不同的角度考查推荐结果的精确性。 MRR 的值越大，说明推荐结果的精确性越高，推荐方法的性能越好。

5）内部相似性

具体内涵前已讲述，在此不再赘述。

6）海明距离

具体内涵前已讲述，在此不再赘述。

7）流行度

流行度实际上是通过商品的度来衡量的，通过计算推荐列表 L 中所有商品的度的平均值得到，这里用 $\langle k \rangle$ 表示流行度指标。 流行度的值越小，说明推荐结果越具有多样性。 因为商品的度小，表明选择该商品的用户少，即该商品是不流行商品，越不流行的商品越能体现用户的独特偏好。所以在用户喜欢的前提下，推荐给用户不易被发现的不流行商品要比推荐流行商品更具有实际意义。 以电影为例，流行的电影就好比是推荐系统中的"明信息"，向用户推荐这些电影，如果用户很喜欢，当然很好，但是即便没有系统的推荐，用户也可以通过电视、广告、网络等多种途径很快获知和了解这些电影；而那些比较冷门的电影，虽然多数用户对它们不感兴趣，但是可能会有某些用户非常喜欢，而喜欢这些冷门电影的用户很难从推荐以外的途径获知相关信息，这些就是信息系统中的"暗信息"。所以在相同的精确性下，平均商品流行度越小，推荐方法的性能就越好。

6.1.4 实验验证

为了测试基于资源非均匀扩散的推荐方法的性能，我们依然使用 2 个标准真实数据集 MovieLens 和 Book-Crossing 进行测试。

在实验验证前，同样需要对 2 个数据集中的数据进行预处理，这在第 5 章已详细说明，这里不再赘述。

1）参数确定

基于二部图资源非均匀扩散的推荐模型中涉及参数 α 的最优值确定，通常的做法是在确定目标函数后通过迭代求出参数的最优值。为了减少迭代次数，降低计算复杂度，我们需要事先预测参数最优值可能出现的取值范围。参考相关文献，我们估计参数 α 的取值范围应该在 0 附近且趋向于负值。同时为了快速求得参数 α 的最优值，我们在迭代的过程中采用二分搜索方法。考虑到参数值会取到小数点后两位，因此迭代中每 2 个值之间的间距设为 0.01，即步长为 0.01。上述求解策略可以有效地降低计算的时间复杂度，减少内存的消耗。

我们选取用于测试推荐方法性能的 7 个指标中的 5 个进行迭代以求解参数 α 的最优值。考虑到各指标之间的联系及参考相关文献中的方法设计，我们以排名得分指标为目标函数，求解参数 α 的最优值。图 6-1 展示了在不同的数据集下，基于二部图资源非均匀扩散的推荐方法的测试指标排名得分值随参数 α 的变化而变化的情况（推荐列表长度 $L=50$）。从图中可以看出，当 $\alpha=-0.68$ 时，2 个数据集下的排名得分值都达到最小，即推荐给用户潜在喜欢的且最终被用户选择了的商品排在了靠前的位置。该结果表明，我们降低综合度大（具有高的节点度及高用户兴趣）的商品节点的影响力（获取资源的能力）可以提高推荐结果的精确性。当然在实

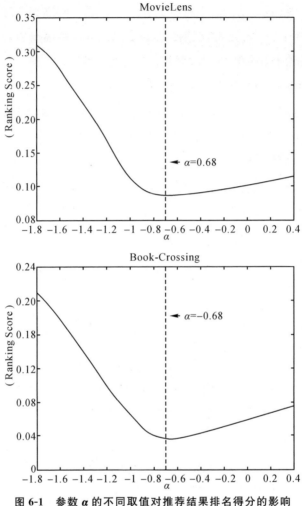

图 6-1　参数 α 的不同取值对推荐结果排名得分的影响

际应用中，企业也可以根据自己的需求调整参数 α 的值，以此控制推荐给用户的商品。当前的实验结果来自于对数据进行的 5 次随机的按 90％测试集、10％训练集分割的平均。

图 6-2 展示了在不同的数据集及不同的推荐列表长度 L 下，测试指标准确率随参数 α 值的变化而变化的情况，这里推荐列表 L 的长度分别取值 50，100，200 和 400。从图中可以看出，当参数 $\alpha = -0.68$ 时，在不同的数据集及不同的 L 长度下，推荐结果的准确率值均达到最高。此外，当参数 $\alpha \in (-0.9, -0.5)$ 时，推荐结果的准确率维持在一个较高的水平。因

此，参数 $\alpha = -0.68$ 时，推荐的质量是最好的。 当前的实验结果来自于对数据进行的 5 次随机的按 90％测试集、10％训练集分割的平均。

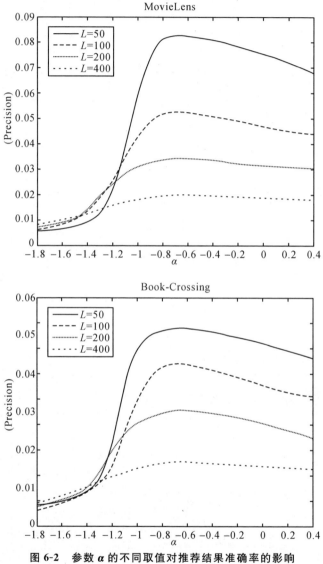

图 6-2 参数 α 的不同取值对推荐结果准确率的影响

图 6-3 展示了在不同的数据集及不同的推荐列表长度 L 下，测试指标内部相似性随参数 α 值的变化而变化的情况。 从图中可知，在数据集 MovieLens 和 Book-Crossing 下，而对应推荐列表长度分别为 50，100，200 和 400 的情形时，当参数 $\alpha = -0.68$ 时，内部相似性值较小，说明我们

的方法产生的推荐结果具有一定的内部多样性。 同时我们也发现，当参数 α 的值小于 -1 时，指标内部相似性的值降到一个很低的范围，相对应的准确率（图 6-2 所示）也降到一个很低的范围。 当前的实验结果来自于对数据进行的 5 次随机的按 90％测试集、10％训练集分割的平均。

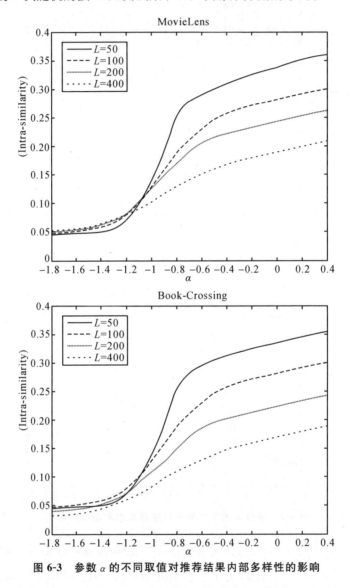

图 6-3　参数 α 的不同取值对推荐结果内部多样性的影响

对于一个推荐方法而言，推荐结果精确性的重要性要远高于多样性，通常在满足精确性要求的前提下才会考虑尽可能地实现多样性。 因此，我们认为这一结果是可接受的。

内部相似性反映了面向任意一个用户的推荐列表内商品之间的相关性，即反映了用户自身的偏好差异。 此外，我们还需要考虑不同用户之间的偏好差异，该差异实际上体现了用户的个性化特征。 对于一个优秀的推荐方法而言，提供给不同用户的商品推荐列表应有较大的差异性，差异性越大越能体现个体的个性化特征。 这里采用海明距离作为评价指标。 图 6-4

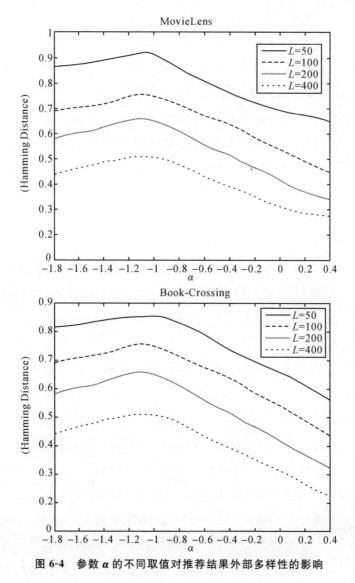

图 6-4　参数 α 的不同取值对推荐结果外部多样性的影响

展示了在不同的数据集及不同的推荐列表长度 L 下，测试指标海明距离受参数 α 值变化的影响的情况。 从图中可以看出，在不同的数据集及不同的推荐列表长度下，当参数 $\alpha=-0.68$ 时，海明距离值较大，说明我们的方法产生的推荐结果具有一定的外部多样性。 同样需要指出的是，在 $\alpha=-0.68$ 时，海明距离并不是最大值，因为考虑到精确性作为第一衡量要素，所以该结果也是可以接受的。 当前的实验结果来自于对数据进行的 5 次随机的按 90％测试集、10％训练集分割的平均。

最后我们分析在不同的数据集及不同的推荐列表长度下，推荐列表内商品的流行度随参数 α 值的变化而变化的情况。 从图 6-5 中可以发现，在不同的数据集及不同的推荐列表长度 L 下，当参数 $\alpha=-0.68$ 时，商品的流行度值较小，而且随着参数值的增加，流行度值不断变大。 同样需要说明的是，当参数 $\alpha<-0.68$ 时，商品流行度值呈下降趋势并逐渐趋于平缓。 但考虑到精确性和多样性的平衡问题，该结果也是可以接受的。 流行度的实验结果表明，当我们的推荐方法产生最优精确性的时候，在推荐的多样性和推荐的新颖性方面也有较好的表现。 当前的实验结果来自于对数据进行的 5 次随机的按 90％测试集、10％训练集分割的平均。

通过上述对 5 个指标的测试，我们确定了模型中参数的最优取值为 -0.68。 在该值下，我们的推荐方法达到了最优的精确性，同时具备了一定的多样性和新颖性。

2）实验结果

确定了模型的参数值后，将比较我们提出的方法和一些常用的推荐方法在性能上的优劣。 为了方便起见，我们命名基于二部图资源非均匀扩散的推荐方法为 Heterogeneous Diffusion Recommendation method，简称 HDR。 测试用数据集依然是 MovieLens 和 Book-Crossing 数据集，评价指标为上述 7 个指标（4 个用于测试推荐方法的精确性，3 个用于测试推荐方法的多样性），用于比较的推荐方法包括 CF，MCF（Liu et al.，2009），NN-CosNgbr（Paolo et al.，2010），二部图资源扩散方法 NBI（Zhou et al.，2007）和改进的二部图资源扩散方法 URA-NBI（Liu et al.，2010）。 在推荐列表长度 L 的选择上，根据数据集包含的数据量不同而有

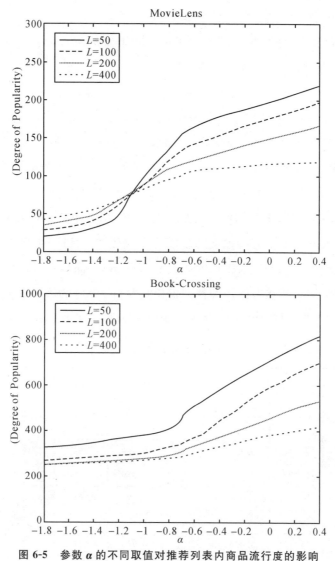

图 6-5　参数 α 的不同取值对推荐列表内商品流行度的影响

所差异。针对数据集 MovieLens，我们选取的列表长度分别为 30，40 和 50；针对数据集 Book-Crossing，由于该数据集的数据量比 MovieLens 数据集的数据量大得多且评分矩阵更加稀疏，我们选取的列表长度分别为 50，60 和 70。上述这些差异化处理更加符合实际情况。

表 6-1 展示了在 MovieLens 数据集下各个方法的性能优劣。如上所述，推荐列表长度 L 分别为 30，40 和 50。测试指标为排名得分、准确率、内部

相似性、海明距离、流行度、召回率和倒排序值（顺序上为参数确定用的 5 个指标加上召回率和倒排序值）。其中，MCF 中的参数 $\alpha=1.8$，URA-NBI 中的参数 $\beta=-0.64$，HDR 中的参数 $\alpha=-0.68$。当前的实验结果来自于对数据进行 5 次随机的按 90％测试集、10％训练集分割的平均。

通过表 6-1 中的各项指标值比较，我们发现，在推荐列表长度为 50 的情形下，HDR 的排名得分值相比 NBI 的排名得分值降低了 19.6％，即在该精确性指标上 HDR 提升了 19.6％的精确性。同样，比较 HDR 的排名得分值和 URA-NBI 的排名得分值，我们发现指标值降低了 8％，说明 HDR 在该指标上要优于 URA-NBI。此外，对比 CF，MCF 和 NN-CosNgbr 这 3 种方法，HDR 在排名得分指标上的表现也是最优的。进一步比较排名得分指标外的其余 6 个指标，HDR 依然优于其他方法，而且对精确性和多样性有着不小的提升。接着比较推荐列表长度为 40 和 30 的情形下各个方法的表现，我们发现，HDR 在 7 个指标上均优于其他 5 种方法。

表 6-1　在 MovieLens 数据集下各个方法的性能优劣

	Ranking Score	Precision	Intra-similarity	Hamming Distance	Degree of Popularity	Recall	Mean Reciprocal Rank
$L=30$							
CF	0.144	0.077	0.360	0.568	269	0.320	0.233
MCF	0.132	0.084	0.353	0.576	265	0.354	0.256
NN-CosNgbr	0.127	0.083	0.354	0.574	264	0.356	0.267
NBI	0.122	0.084	0.315	0.638	255	0.352	0.279
URA-NBI	0.110	0.099	0.256	0.759	207	0.371	0.306
HDR	0.105	0.107	0.251	0.821	171	0.397	0.321
$L=40$							
CF	0.141	0.071	0.374	0.560	258	0.331	0.183
MCF	0.128	0.081	0.365	0.568	254	0.363	0.199
NN-CosNgbr	0.124	0.079	0.366	0.563	253	0.365	0.207
NBI	0.119	0.080	0.338	0.629	243	0.364	0.215
URA-NBI	0.106	0.086	0.273	0.751	196	0.384	0.243

续　表

	Ranking Score	Precision	Intra-similarity	Hamming Distance	Degree of Popularity	Recall	Mean Reciprocal Rank
HDR	0.098	0.093	0.269	0.812	163	0.412	0.262
$L=50$							
CF	0.127	0.065	0.395	0.549	246	0.344	0.165
MCF	0.115	0.072	0.381	0.556	242	0.378	0.183
NN-CosNgbr	0.112	0.070	0.382	0.551	241	0.380	0.189
NBI	0.107	0.071	0.355	0.617	233	0.375	0.197
URA-NBI	0.093	0.077	0.289	0.739	187	0.396	0.223
HDR	0.086	0.083	0.283	0.802	156	0.427	0.242

从表 6-2 中不难看出，HDR 在不同的推荐列表长度下其评价指标值均优于其他方法：更低的排名得分值、更高的准确率值、更小的内部相似性值、更大的海明距离值、更小的流行度值、更高的召回率值和倒排序值。这些结果表明，HDR 提高了推荐的精确性，同时增加了推荐的多样性。

表 6-2 展示了在 Book-Crossing 数据集下各个方法的性能优劣。推荐列表长度 L 分别为 50，60 和 70。测试指标及各个方法的 α 参数与表 6-1 的情况相同。

表 6-2　在 Book-Crossing 数据集下各个方法的性能优劣

	Ranking Score	Precision	Intra-similarity	Hamming Distance	Degree of Popularity	Recall	Mean Reciprocal Rank
$L=50$							
CF	0.053	0.039	0.397	0.542	757	0.192	0.377
MCF	0.048	0.043	0.385	0.548	751	0.198	0.416
NN-CosNgbr	0.047	0.041	0.386	0.547	748	0.203	0.425
NBI	0.044	0.042	0.359	0.606	624	0.201	0.453
URA-NBI	0.039	0.050	0.292	0.728	558	0.214	0.513
HDR	0.036	0.054	0.286	0.791	484	0.236	0.561
$L=60$							
CF	0.045	0.037	0.421	0.533	688	0.221	0.345

	Ranking Score	Precision	Intra-similarity	Hamming Distance	Degree of Popularity	Recall	Mean Reciprocal Rank
MCF	0.041	0.041	0.406	0.539	682	0.227	0.406
NN-CosNgbr	0.038	0.038	0.407	0.537	679	0.236	0.421
NBI	0.037	0.040	0.399	0.597	567	0.234	0.450
URA-NBI	0.033	0.047	0.326	0.717	508	0.251	0.504
HDR	0.031	0.051	0.302	0.779	440	0.270	0.513
$L=70$							
CF	0.041	0.034	0.443	0.518	623	0.264	0.321
MCF	0.037	0.037	0.428	0.523	617	0.269	0.338
NN-CosNgbr	0.035	0.036	0.429	0.521	612	0.280	0.357
NBI	0.033	0.039	0.421	0.581	513	0.278	0.379
URA-NBI	0.031	0.041	0.344	0.698	459	0.299	0.403
HDR	0.028	0.047	0.319	0.758	398	0.326	0.478

上述 2 个实验实际上测试了在不同稀疏度的数据集下 HDR 的性能，测试的实验结果也符合我们的预期。

在基于资源非均匀扩散推荐方法的实际应用中，需要考虑到方法的可调节性及方法部署后计算上的时间消耗和内存消耗。 方法的可调节性可由模型的参数变化实现，例如设定参数 $\alpha > 0$，那么吸引力大的节点将会得到较多的资源，最终产生的推荐列表内会包含更多人们熟知的流行商品。 如果设定参数 $\alpha < 0$，那么吸引力大的节点将会获得较少的资源，最终产生的推荐列表内会包含更多人们不熟知的却能体现个体偏好的商品。 如果 $\alpha = 0$，那么流行的商品和不流行的商品会等同地推荐给用户。 除了考量该方法的性能，还需要考察方法的计算复杂度。 计算复杂度包括计算时间复杂度和内存消耗，一个好的方法要具有较好的性能和较低的计算复杂度。 在推荐系统里，通常用户的数量要远大于商品的数量，而且形成的用户—商品矩阵非常稀疏，在这种情况下有 $m > n \gg \langle k_u \rangle$ 或 $\langle k_o \rangle$，其中 m 表示用户数，n 表示商品数，$\langle k_u \rangle$ 和 $\langle k_o \rangle$ 分别表示平均用户度和平均商品度，我们的方法 HDR 实质是基于 NBI 的改进，其计算时间复杂度近似于 O（$m +$

mn）。 相比于协同过滤方法，诸如 CF 及其改进方法的计算时间复杂度为 $O(m^2 + mn)$，我们的方法 HDR 在提高性能的同时，降低了计算时间复杂度即降低了时间的消耗。 此外，在内存消耗上，我们的方法 HDR 需要 n^2（计算机会转换成相应的字节数）的存储空间存储数据，而协同过滤方法通常需要 m^2（由前述可知，$m > n$）的存储空间，说明我们的方法在内存消耗上也有所降低。 最后在数据稀疏性及冷启动问题上，由于我们的方法是基于 NBI 的改进，具有 NBI 的特点，在一定程度上也能缓解数据稀疏性和冷启动问题带来的不利影响。

6.2 复杂情境下融入社会网络情境的推荐

心理学和社会学研究已证明，个人兴趣爱好和社交影响力会影响人们在采纳信息时的决定。 Bandura（2001）从社会认知理论出发，认为用户的决策实际上受 2 个方面因素的影响：直接方面，他们的决策受自身的兴趣偏好影响；间接方面，他们的决策受到朋友关系的影响。 Benjamin（1974）指出，不同的用户做出的相似性选择所受到的影响因素包括认知、感觉、口味、兴趣和人际间的关系等。 和纯粹由个人兴趣驱动，独立做决定相比，人们在某种程度上很容易受到他人行为的影响。 正因此，越来越多的学者研究融入社会情境因素的个性化推荐方法，试图满足消费者日益增长的需求。 只有当个人兴趣爱好和社会关系影响被合理地融入推荐系统中，才能降低行为的不确定性，提高推荐质量水平，提升用户的满意度。

6.2.1 问题描述及研究思路

随着国内外学者对个性化推荐服务的广泛研究，越来越多的学者发现，各种情境因素对用户的潜在需求起着不同程度的影响作用。 在电子商务环境中，最常被学者研究的 2 种人与人之间的关系是信任关系和社会关系。 信任关系一般是单向的，社会关系一般是双向的（实际上社会关系也包含信任关系，但学者会从指向性角度出发对其进行区分）。诸如电子商务平台淘宝的卖家（店家）和买家（顾客）之间存在的关系就是典型的信任关系。顾客在购买一家店铺的商品前，会了解该店铺的等级、已购买的顾客的打分及相关评论。当发现店铺等级很高，买家打分很高，评论也很好，顾客就会对该店铺产生一种信任感，购买该店铺商品的意愿也变得较强。再比如新浪微博平台中的博主和粉丝的关系，有的博主在积累了相当数量的粉丝并获取了粉丝对其的信任后，便在微博里从事一些商业活动诸如销售产品等。与之对应的社会关系，举个简单的实例，微信朋友圈中朋友与朋友的关系就是一种典型的社会关系（在微信上，通常只有互相认识的人才会加为好友）。我们判断是否为双向关系一般依据双方是否存在频繁的交互而定，微信朋友圈的用户之间经常会发生交互，是一种双向行为。近年来比较火爆的微商正是利用微信朋友圈的这种双向关系进行商业信息传播和产品营销的。在国外，最火爆的两大社交平台是 Facebook（脸书）和 Twitter（推特），用户在使用时也分别体现了社会关系和信任关系。人们使用这两大社交平台时有着完全不同的习惯：前者是朋友之间的对话，反映了一种社会关系；而后者则比较像个人广播电台，把个人观点传向世界，反映了一种信任关系。

近年来，随着人们的消费行为不断变化，消费需求的不断增加，越来越多的社交平台和电子商务平台相互融合，从而产生了社交平台电子商务化、电子商务平台社交化这些现象。一方面，社交平台为了更好地发展，逐步利用人与人的结构网络推进电子商务的发展。常见的方式有 3 种：①关系式模式，即利用熟人网络，以微信朋友圈为代表；②关注式模式，即利用粉丝经济，以微博为代表；③混合式模式，即结合社交平台接口，以微信购物板块为代表。另一方面，电子商务平台想要提高用户的黏合度，满足用户的碎片化特性和便捷性的需求，也在尝试不断推进电子商务平台的社交功能诸如淘宝的社区的建设。此外，第三方支付平台如支付宝推出的海外购和生活圈也预示着其在向电子商务和社交延伸。无论哪种模式，都是为了将人与人之间的各种复杂关系和电子商务活动紧密结合，更加精确地分析消费者的行为偏好，以提供更好的服务、满足消费者的需求。 对于个性化推荐服务而言，很早以前，学者就发现，用户更喜欢来自朋友的推荐而不是被系统"算出来的推荐"，社会影响力被认为比历史行为的相似性更加重要。

虽然对基于社会网络情境的推荐方法的研究取得了一定的成果，但还存在一些不足。 第一，对基于社会网络情境的推荐研究涉及的领域多为社交网络，面向电子商务领域的较少；第二，针对电子商务领域的个性化推荐研究中，少有将本体情境、上下文情境和社会关系情境融合在考虑的方法中。 本节将设计一种基于社会网络情境的个性化推荐方法，尽可能地利用有限的信息资源提升推荐质量水平。 首先，通过聚类分析用户；然后量化表达用户纯粹的个人偏好及用户之间的社会关系，得到基于社会网络情境的推荐模型；最后，采用矩阵分解方法计算得出面向目标用户的推荐结果。 对于用户兴趣漂移的问题，本节依然采取第一类用户兴趣漂移处理方式。

6.2.2 融入社会网络情境的基于矩阵分解技术的推荐模型

基于矩阵分解技术的推荐方法的实质就是把用户—项目评分矩阵（包含很多值为零的元素）分解为 2 个矩阵的组合。 该分解是一个近似分解。而后将分解得到的 2 个矩阵相乘形成一个各元素值均为非零的矩阵。 对于每一个消费者而言，原有为零的元素都有新的数值代替，该数值表示了消费者对某一未选择过的商品的偏好。 通过对这些商品按其对应的数值大小进行排序，就能预测消费者的潜在偏好。 早在 2009 年 Netfilx 公司举办的推荐系统大赛上，高等矩阵分解方法就得到广泛的应用，这对预测推荐准确率的提升起到很大的帮助。 基于矩阵分解技术的推荐方法因其在处理相对较大数据集中的良好表现和有效性大受欢迎，其利用低秩矩阵分解逼近用户物品评分矩阵，并用它们来做更进一步的预测。 矩阵分解的关键在于确定潜在因子（latent factor），简单来说就是对于某一个矩阵 A，被近似分解为具有自身特征的矩阵 B 和矩阵 C。 这一过程涉及目标函数的确定和求解，目标函数一般设为矩阵 B、矩阵 C 的乘积与矩阵 A 差值的最小化。在确定目标函数之后，需要优化求解潜在因子，通常的优化方法分为 2

种：最小二乘法（Alternative Least Squares）和梯度下降法（Stochastic Gradient Descent）。最小二乘法实际上是通过最小化误差的平方和寻找数据的最佳函数匹配。利用最小二乘法可以简便地求得未知的数据，并使得这些求得的数据与实际数据之间的误差的平方和最小。最小二乘法还可用于曲线拟合，其他一些优化问题也可通过最小化能量或最大化熵用最小二乘法来表达。梯度下降法也称为最速下降法，它的基本思想为：如果函数在某点处可微且有定义，那么在该点处沿着梯度相反的方向的函数值减小得最快。如果要求出目标函数的极小值，那么在迭代的每一步可以沿着当前点的负梯度方向搜索下一个点，使得每次迭代都能够使目标函数值逐步减小，直至逼近目标函数的局部极小值点。

本方法借鉴基于矩阵分解技术的个性化推荐方法的优势，考虑人与人之间的社会关系（主要是朋友关系和非朋友关系）、用户纯粹的个人偏好对推荐质量的影响，设计能适应复杂情境的个性化推荐方法。

1）矩阵分解

矩阵是数学中的一个重要的基本概念，是代数学的一个主要研究对象，也是数学研究和应用的一个重要工具。"矩阵"一词是由西尔维斯特首先使用的，他是为了将数字的矩形阵列区别于行列式而发明这个术语的。矩阵分解是数值分析和线性代数中分解矩阵的一种重要手段，是分析矩阵必不可少的方法。矩阵分解在实际生活中的应用十分广泛，可以方便人们分析矩阵，进行工程运算、建模分析等，在现代生活和生产中起着举足轻重的作用。目前，比较流行的矩阵分解方法主要有谱分解、三角分解、最大秩分解及奇异值分解。不同的分解方法对矩阵的要求也各不相同。

谱分解方法又称特征分解，就是把矩阵分解为特征向量和特征值的乘积，这是最常见的分解方法，但只有正规矩阵才满足谱分解的条件。假设矩阵 A 是一个方阵且是正规矩阵，则 A 的谱分解为

$$A = \sum_{i=1}^{n} \lambda_i A_i \tag{6-6}$$

其中 $\{A_1, \cdots, A_n\}$ 满足等式：

$$\boldsymbol{A}_i^* = \boldsymbol{A}_i \neq 0 \qquad (i=1, 2, \cdots, n) \qquad (6\text{-}7)$$

$$\boldsymbol{A}_i \boldsymbol{A}_j = 0 \qquad (i \neq j) \qquad (6\text{-}8)$$

三角分解（又称 LU 分解）也是一种针对方阵的分解方法，如果方阵 $\boldsymbol{A}$ 可以分解为一个下三角矩阵 $\boldsymbol{L}$ 和一个上三角矩阵 $\boldsymbol{U}$ 的乘积，即 $\boldsymbol{A} = \boldsymbol{LU}$，则表明矩阵 $\boldsymbol{A}$ 可以进行三角分解（有时也可分解为上三角矩阵、下三角矩阵和一个置换矩阵的乘积）。根据下三角矩阵和上三角矩阵性质的不同，三角分解又可进一步分为 Doolittle 分解和 Crout 分解。Doolittle 分解的情形是单位下三角矩阵 $\boldsymbol{L}$ 乘以上三角矩阵 $\boldsymbol{U}$；Crout 分解的情形是下三角矩阵 $\boldsymbol{L}$ 乘以单位上三角矩阵 $\boldsymbol{U}$。

最大秩分解又称为满秩分解，任意方阵或者长方阵都可以由最大秩分解方法得到，即把矩阵分解为一个列满秩矩阵和一个行满秩矩阵的乘积。该方法主要应用于矩阵的广义逆理论中，为矩阵理论的研究提供了强有力的分析方法。假设 $\boldsymbol{A}$ 是一个 m 行 n 列且秩 r 大于 0 的矩阵，如果存在矩阵 $\boldsymbol{B}$ 和矩阵 $\boldsymbol{C}$，其中 $\boldsymbol{B}$ 是 m 行 r 列的矩阵，$\boldsymbol{C}$ 是 r 行 n 列的矩阵，使得 $\boldsymbol{A} = \boldsymbol{BC}$，则称该分解是矩阵最大秩分解。相应地，$\boldsymbol{B}$ 是列满秩矩阵，$\boldsymbol{C}$ 是行满秩矩阵。在最大秩矩阵分解的求解过程中，需要多次进行行列式变换并对现有的矩阵求逆，计算量大，通常只需求矩阵 $\boldsymbol{A}$ 的 Hermite 标准型即可。

奇异值分解（Singular Value Decomposition，SVD）在某些方面与对称矩阵或 Hermite 矩阵基于特征向量的对角化类似。然而，这 2 种矩阵的分解尽管有其相关性，但还是有明显的不同之处。对称矩阵特征向量分解的基础是谱分析，而奇异值分解则是谱分析理论在任意矩阵上的推广。它在统计理论等方面有着广泛的应用，诸如在机器学习的数据压缩中。奇异值分解的目的是将矩阵分解为低阶矩阵的乘积，这些较小的矩阵包含了原来高阶矩阵的特征。通过低阶矩阵研究高阶矩阵可使目标更明确，特征更明显，更便于处理实际应用中数据量庞大的分析工作。奇异值分解可以表达为将 1 个任意实矩阵分解为 3 个矩阵 $\boldsymbol{U}$，$\boldsymbol{S}$ 和 $\boldsymbol{V}$ 的乘积，即 $\boldsymbol{A} = \boldsymbol{USV}$，其中 $\boldsymbol{U}$，$\boldsymbol{VF}$ 都是正交矩阵（$\boldsymbol{U}$ 为 m 行 k 列的矩阵，$\boldsymbol{V}$ 是 k 行 n 列的矩阵），也称为左右奇异矩阵；$\boldsymbol{S}$ 是个对角矩阵（$\boldsymbol{S}$ 是 k 行 k 列的矩阵），也称为奇异值矩阵。

基于矩阵分解技术的推荐方法正是利用了矩阵分解的原理，将任意评分矩阵进行近似分解，而后相乘，计算其与原矩阵的差，再预测评分。

2）K-harmonic means 聚类算法和微粒群算法 PSO

本节将简单介绍 K-harmonic means（KHM）聚类算法和微粒群算法（Particle Swarm Optimization，PSO）。

(1)KHM 聚类算法。 虽然 K-means 聚类算法非常简单，应用广泛，聚类速度较快，且聚类效果也不错，但是存在的问题也不少，特别是对初始值敏感即强烈依赖于初始条件，如果初始聚类中心选择不好，就得不到全局的最优解，从而影响聚类质量。 Zhang et al.（1999）提出了一种基于中心的划分算法 KHM，即调和均值划分算法。 KHM 聚类算法实际是 K-means 聚类算法的扩展，是对簇中心不断优化的迭代算法，虽然与 K-means 聚类算法相似，但通过调和均值取代数据样本到簇中心的最小距离，解决了 K-means 聚类算法对初始值敏感的问题。

使用 KHM 聚类算法的具体步骤如下：

输入：簇的个数 k，以及包含 n 个数据样本的数据集 $X = \{x_1, x_2, \cdots, x_n\}$。

输出：满足 KHM 最小隶属度矩阵及簇中心矩阵。

步骤 1：随机选定 k 个数据作为初始簇中心，表示为 $C = \{c_1, c_2, \cdots, c_k\}$。

步骤 2：计算目标函数值，根据公式 KHM（X，C）进行，其中 p 大于等于 2，

$$\text{KHM}(X, C) = \sum_{i=1}^{n} \frac{k}{\sum_{j=1}^{k} \frac{1}{\| x_i - c_j \|^p}} \qquad (6\text{-}9)$$

步骤 3：计算每个数据点 x_i 到其对应的簇中心 c_j 的隶属度 $m(c_j \mid x_i)$，计算公式如下：

$$m(c_j \mid x_i) = \frac{\| x_i - c_j \|^{-p-2}}{\sum_{j=1}^{k} \| x_i - c_j \|^{-p-2}} \qquad (6\text{-}10)$$

步骤 4：计算每个数据点 x_i 的权重 $w(x_i)$，计算公式如下：

$$w(x_i) = \frac{\sum_{j=1}^{k} \| x_i - c_j \|^{-p-2}}{\left(\sum_{j=1}^{k} \| x_i - c_j \|^{-p} \right)^2} \tag{6-11}$$

步骤 5：根据每个数据点的隶属度 $m(c_j|x_i)$ 和权重 $w(x_i)$ 重新计算簇中心，计算公式如下：

$$c_j = \frac{\sum_{i=1}^{n} m(c_j \mid x_i) w(x_i) x_i}{\sum_{i=1}^{n} m(c_j \mid x_i) w(x_i)} \tag{6-12}$$

步骤 6：重复步骤 2 至 5，直到 KHM（X，C）函数值不再变化或是达到预先设定的迭代次数。

步骤 7：分配具有最大隶属度 $m(c_j|x_i)$ 值的数据点 x_i 到 c_j。

与 K-means 聚类算法相比，KHM 聚类算法对初始值不敏感，这是其最大的优点。同时，Zhang et al.（1999）的实验也验证了 KHM 聚类算法更加稳定。但该算法依然存在易于陷入局部最优及簇个数需要预先指定的问题。

（2）微粒群算法。微粒群算法是由美国心理学家 Kennedy 和电器工程师 Eberhart（Kennedy，et al.，1995）于 1995 年提出的一种模拟鸟类群体觅食行为的仿生智能计算方法。它是一种基于群体智能的随机寻优算法，利用鸟群中个体对信息的共享机制，使整个群体的运动在问题求解空间中产生从无序到有序的演化过程，从而获取最优解。

PSO 的基本思想是通过群体中个体间的协作和信息共享来寻找最优解。与其他进化算法一样，微粒群算法也采用"群体"和"进化"概念，同样也依据个体（微粒）的适应值大小进行操作。但是，PSO 不像其他进化算法那样对个体使用进化算子，而是将每个个体看作在 n 维搜索空间中的一个没有重量和体积的微粒，并在搜索空间中以一定的速度飞行，该飞行速度根据个体的飞行经验和群体的飞行经验进行动态调整。

设 $X_i = (x_{i1}, x_{i2}, \cdots, x_{in})$ 为微粒 i 的当前位置，$V_i = (v_{i1}, v_{i2}, \cdots, v_{in})$ 为微粒 i 的当前飞行速度，$P_i = (p_{i1}, p_{i2}, \cdots, p_{in})$ 为微粒 i 所经历

的最好位置，也就是微粒 i 所经历过的具有最好适应值的位置。关于最小化问题，设定的是目标函数值越小，对应的适应值越好。这里假定 $f(X)$ 为最小化的目标函数，则微粒 i 的当前最好位置由下列公式确定：

$$P_i(t+1) = \begin{cases} P_i(t) & f[X_i(t+1)] \geqslant f[P_i(t)] \\ X_i(t+1) & f[X_i(t+1)] < f[P_i(t)] \end{cases} \tag{6-13}$$

另假设群体中的微粒数为 s，群体中所有微粒所经历过的最好位置为 $P_g(t)$，$P_g(t) \in \{P_0(t), P_1(t), \cdots, P_s(t)\}$，则

$$f[P_g(t)] = \min\{f[P_0(t)], f[P_1(t)], \cdots, f[P_s(t)]\} \tag{6-14}$$

PSO 的进化方程可描述为

$$v_{ij}(t+1) = v_{ij}(t) + c_1 r_{1j}(t)[p_{ij}(t) - x_{ij}(t)]$$
$$+ c_2 r_{2j}(t)[p_{gj}(t) - x_{ij}(t)] \tag{6-15}$$

$$x_{ij}(t+1) = x_{ij}(t) + v_{ij}(t+1) \tag{6-16}$$

其中，下标 j 表示微粒的第 j 维；i 表示当前微粒 i；t 表示第 t 代；c_1 和 c_2 为加速常数，通常在 0 至 2 之间取值；r_1 和 r_2 是在 0 至 1 之间的相互独立的随机函数。

由 PSO 的进化公式可见，c_1 调节微粒飞向自身最好位置方向的步长，c_2 调节微粒向全局最好位置飞行的步长。为了减小在进化过程中微粒离开搜索空间的可能性，v_{ij} 通常限定在一定的范围内，即速度属于 $[-v_{max}, v_{max}]$。

PSO 的具体步骤如下：

步骤 1：参数初始化。对微粒群的随机位置和速度进行初始化设定。

步骤 2：计算每个微粒的适应值。

步骤 3：对于每个微粒，将其适应值与所经历过的最好位置 P_i 的适应值进行比较，如果现有适应值较好，则将其作为当前最好位置的适应值。

步骤 4：对于每个微粒，将其适应值与全局所经历的最好位置 P_g 的适应值进行比较，若现有适应值较好，则将其作为当前全局最好位置的适应值。

步骤 5：根据公式（6-14）和公式（6-15）对微粒的速度和位置进行

进化。

步骤 6：如果满足结束条件则停止，否则返回步骤 2 继续操作。

为了改善 PSO 的收敛性能，Shi 和 Eberhart 于 1998 年首次在速度进化公式中引入惯性权重，取得了很好的全局收敛效果。新的进化公式变为：

$$v_{ij}(t+1) = wv_{ij}(t) + c_1 r_{1j}(t)[p_{ij}(t) - x_{ij}(t)]$$
$$+ c_2 r_{2j}(t)[p_{gj}(t) - x_{ij}(t)] \qquad (6\text{-}17)$$

其中，w 为惯性权重，惯性权重使微粒保持运动惯性，具备扩展搜索空间的能力，因此可以搜索新的区域。标准 PSO 是惯性权重 $w=1$ 的特殊情况。引入惯性权重 w 能够消除标准 PSO 对 v_{max} 的依赖。当 v_{max} 增加时，可通过减小 w 来平衡搜索；同时当减小 w 时，可以降低迭代次数。总之，当 w 值较大时，全局收敛能力就较强；当 w 值较小时，则局部收敛能力较强。相关文献还证明了，当惯性权重 w 取值在 0.7 至 1.2 之间时，收敛速度较快，聚类结果较好。

3）基于 PSO 的 K-harmonic means 用户聚类算法

KHM 聚类算法解决了 K-means 聚类算法中存在的对初始值敏感这一问题，它用每个数据对象到所有簇中心的距离的调和均值代替了 K-means 聚类算法数据点到簇中心的最小距离。当数据对象与某一簇中心距离很近时，在调和均值中该数据点就会有一个较好的得分（在 KHM 聚类目标函数的求和公式中与该数据点对应的累加项较小），这是调和均值的特性。当然 KHM 聚类算法在聚类前依然要确定聚类个数 k，这里我们采取和前文所述确定 K-means 聚类算法的 k 值一样的方法，设定最佳的聚类个数 k_{opt} 满足 $k_{opt} \leqslant k_{max}$，其中 $k \leqslant (\sqrt{n}-1)/2$，$n$ 为数据总数。当然，在实际应用中，用户可以根据需求自己定义 k 值。

为了克服 KHM 聚类算法会陷入局部最优困境的缺点，我们引入 PSO 解决这一问题。将 KHM 聚类算法的目标函数作为 PSO 的目标函数。该方法充分利用了 KHM 聚类算法收敛速度快和 PSO 全局搜索能力强的优点。简单来说，KHM 聚类算法通过每次迭代计算适应值；PSO 对每个粒子的新位置进行迭代，使粒子能够在新位置处充分地进行局部寻优和全局寻优。 使用基于 PSO 的 KHM 聚类算法的具体步骤描述如下：

步骤 1：初始化最大迭代次数 It、种群规模 P、惯性权重 w、加速常数 c_1 和 c_2 及聚类个数 k。

步骤 2：随机选取 k 个位置作为初始的聚类中心。

步骤 3：使用 KHM 聚类算法对种群进行聚类并计算相应的适应值。

步骤 4：使用 PSO 调整聚类中心。

步骤 5：重复步骤 2 至步骤 5，当迭代次数等于最大次数 It 或者适应值达到最好时停止。

步骤 6：将数据对象分配到具有最大隶属度值的簇，形成最终的聚类结果。

基于 PSO 的 KHM 聚类算法既能提高 PSO 的收敛速度，也能有效地帮助 KHM 聚类算法逃出局部最优困境。

4）基于复杂社会网络情境的推荐方法

学者们梳理社会网络中的关系时，一般将社会网络用图的形式表现出来，其中图中的节点代表用户，图中连接 2 个用户节点的边代表用户之间的社会关系（诸如关注关系、朋友关系等）。 在社会网络中，用户的个人兴趣不仅影响着网络边（社会关系）所连接的其他用户（通常为朋友关系、家人关系、同事关系所连的用户）的个人兴趣，而且通过边与边之间的连接，传播着用户兴趣。 在对社交网络的研究中，这种关系会以显性的方式体现，诸如社交平台上的关注、频繁的互动行为都折射出用户之间的某种关系，即朋友关系、家人关系或者同事关系等。 而电子商务环境下的社会网络关系不像社交网络平台那样，可以通过互动、加关注和加好友等方式体现。 它是一种隐性的关系，理论上可以通过支付关系等体现，但实际情况是，在电子商务领域无法获取到这些隐私信息，即使是阿里巴巴集团和蚂蚁金服集团，他们之间的电子商务交易和支付数据也是互相独立保密的。 目前，判断社会关系的方法诸如在社交平台上根据用户所打的标签或者互动行为预测他们的关系。 在电子商务领域，诸如 Sun et al.（2015）通过对用户的聚类来预测用户之间的关系，他们认为聚类在一起的用户可能具有朋友关系。

本节将借鉴已有的研究成果,在用户聚类的基础上,构建融入复杂社会网络情境的推荐模型(Xu, 2018)。 假定某一用户簇内有 m 个用户,用集合 $\boldsymbol{U}=\{u_1, u_2, \cdots, u_m\}$ 表示;有 n 个商品,用集合 $\boldsymbol{O}=\{o_1, o_2, \cdots, o_n\}$ 表示。 用户和商品之间的关系可以用 $m\times n$ 的矩阵 $\boldsymbol{A}=\{a_{ij}\}$ 表示。 如果用户 i 选择过商品 j,那么他们之间的关系 $a_{ij}=1$;如果用户 i 没有选择过商品 j,则他们之间的关系 $a_{ij}=0$。 这种关系实际上体现了一种用户对商品的选择情况。 与矩阵 $\boldsymbol{A}$ 相对应的用户评分(评价)矩阵,用 $\boldsymbol{R}=\{r_{ij}\}$ 表示,r_{ij} 表示用户 i 给商品 j 标记的分值(评价信息也会量化成相应的分值)。 接下来,我们设计基于资源扩散思想的用户相似性计算方法。 学者 Liu et al.(2009)提出的基于资源扩散的相似性计算方法公式如公式(6-18)所示,并应用于个性化推荐中,具有较高的精确性:

$$S(i, f) = \frac{1}{\sqrt{k(u_i)k(u_f)}} \sum_{j=1}^{n} \frac{a_{ij}a_{fj}}{k^{\alpha}(o_j)} \qquad (6\text{-}18)$$

我们在此基础上对该计算公式进行改进,融入社会网络关系。 新的相似性计算公式如下:

$$S(i, f) = \frac{1}{\sqrt{k(u_i)k(u_f)}} \sum_{j=1}^{n} a_{ij}a_{fj} \left[\left(\frac{1}{1+|\, r_{ij}/\overline{r_i} - r_{fj}/\overline{r_f}\,|} \right) \frac{1}{k(o_j)} \right]^{\mu}$$

$$(6\text{-}19)$$

其中,$S(i, f)$ 表示用户 i 和用户 f 的相似性,$k(u_i)$ 和 $k(u_f)$ 分别表示用户 i 和用户 f 的度,$k(o_j)$ 表示商品 j 的度。 r_{ij} 和 r_{fj} 分别表示用户 i 和用户 f 对商品 j 的评分(商品的评分能够反映用户的偏好程度)。 $\overline{r_i}$ 和 $\overline{r_f}$ 分别表示用户 i 和用户 f 的打分均值,可用以表明这些用户的打分尺度,将每个评分除以评分均值用以弱化打分尺度差异带来的影响。 $|\, r_{ij}/\overline{r_i} - r_{fj}/\overline{r_f}\,|$ 算子反映了用户之间的信任关系。 μ 表示可调参数,它控制着商品 o_j 对共同购买它的 2 个用户之间相似性的贡献大小。 当 μ 等于 0 时,该方法变回了标准的余弦相似性方法;当 μ 大于 0 时,流行的共同属性对这 2 个用户之间的相似性的贡献较小;当 μ 小于 0 时,不流行的共同属性对这 2 个用户之间的相似性的贡献较小。 根据第 4 章的相关分析,我们希望流行商品的贡献度小一点,不流行商品的贡献度大一点,因此在参数选

择上会取 μ 大于 0 的值。对于时间因素的考虑，我们将和对用户兴趣漂移的处理综合在一起，通过对时间片段的截取来体现上下文情境的影响。

此外，考虑到社会网络中各种关系的影响力各不相同（典型的社会关系构成包括家庭成员关系、亲密朋友关系、同学关系、同事关系、陌生关系等）。理论上应该针对每一种社会关系赋予一个权值，体现不同的作用。但这种分类方式，难以确定每种关系的应得权值，而且人与人之间的关系是交叉重叠的，这就导致计算复杂度大大增加。因此，我们对这些社会关系进一步划分，将个性化推荐研究中涉及的人与人之间的关系分为朋友关系和非朋友关系，再考虑这两类关系的影响力（在后面的矩阵因子分解目标函数设计中，还会对这些关系进行修正）。我们假设用户 i 和用户 f 是朋友关系，则他们之间的相似性为 $(1-\delta)S(i, f)$；如果他们为非朋友关系，则相似性为 $\delta S(i, f)$，其中 $0 < \delta < 0.5$，这些体现了朋友关系的作用更大。无法区分朋友或非朋友关系的时候，δ 取 1 或 0，此时相似性变回 $S(i, f)$。

通过相似性的计算，我们可以把与目标用户相似性比较大的那些用户选择过但目标用户未选择过的产品推荐给目标用户。不同于第 4 章的用户对未选择过的商品的偏好程度预测方法，本节将采用矩阵因子分解方法预测目标用户对未选择过的商品的评分。矩阵因子分解就是将用户—商品评分矩阵分解成用户隐藏特征矩阵和商品隐藏特征矩阵，即原矩阵由分解后的矩阵相乘近似得到。假设用户隐藏特征矩阵用 S 表示，S_i 表示用户 i 的特征向量；商品隐藏特征矩阵用 V 表示，V_j 表示商品 j 的特征向量，则用户评分矩阵 R 可分解为

$$R \approx S^T V \qquad\qquad (6\text{-}20)$$

其中，R 是一个 $m \times n$ 的矩阵，$S \in R^{h \times m}$，$V \in R^{h \times n}$，$h < \min(m, n)$。在 R 已知的前提下，求解矩阵 S 和 V。已有研究表明，用户对商品的真实评分和预测评分之间的差服从高斯分布，这里采用奇异值分解思想对矩阵 R 进行分解，并确定矩阵因子分解的目标函数为

$$\min(R, S, V) = \frac{1}{2} \| R - S^T V \|_F^2 \qquad\qquad (6\text{-}21)$$

其中，$\| * \|_F^2$ 表示弗罗贝尼乌斯范数。由于评分矩阵 $\boldsymbol{R}$ 通常是非常稀疏的，即包含很多缺失值。为了计算方便，我们对目标函数进行变换，得到新的目标函数为

$$\min(\boldsymbol{R},\ \boldsymbol{S},\ \boldsymbol{V}) = \frac{1}{2} \sum_{i=1}^{m} \sum_{j=1}^{n} a_{ij} \ (\boldsymbol{R}_{ij} - \boldsymbol{S}_i^T \boldsymbol{V}_j)^2 \qquad (6\text{-}22)$$

其中，a_{ij} 表示用户和商品的连接情况，有连接为 1，否则为 0。在求解 $\boldsymbol{S}$ 和 $\boldsymbol{V}$ 的过程中容易出现过拟合（Overfitting）问题。为了解决这一问题，可以采用正则化（Regularization）的方法。正则化实际就是在目标函数中加上用户特征向量和商品特征向量的二范数，此时目标函数为

$$\min(\boldsymbol{R},\ \boldsymbol{S},\ \boldsymbol{V}) = \frac{1}{2} \sum_{i=1}^{m} \sum_{j=1}^{n} a_{ij} \ (\boldsymbol{R}_{ij} - \boldsymbol{S}_i^T \boldsymbol{V}_j)^2 + \frac{\lambda_1}{2} \| \boldsymbol{S} \|_F^2 + \frac{\lambda_2}{2} \| \boldsymbol{V} \|_F^2$$

$$(6\text{-}23)$$

其中，$\lambda_1, \lambda_2 > 0$。该目标函数未能考虑到存在人与人之间的关系及人与商品之间的关系的影响。我们在 Ma et al.（2011）及 Sun et al.（2015）社会关系正则化的推荐方法研究的基础上，确定了矩阵因子分解的目标函数为

$$\min_{\boldsymbol{S},\ \boldsymbol{V}}(\boldsymbol{R},\ \boldsymbol{S},\ \boldsymbol{V}) = \frac{1}{2} \sum_{i=1}^{m} \sum_{j=1}^{n} a_{ij} \ (\boldsymbol{R}_{ij} - \boldsymbol{S}_i^T \boldsymbol{V}_j)^2 + \frac{\alpha}{2} \sum_{i=1}^{m} \sum_{j \in O_i,\ k \notin O_i}^{n} a_{ij} \ \| \boldsymbol{V}_j - \boldsymbol{V}_k \|_F^2 +$$

$$\frac{\beta}{2} \sum_{i=1}^{m} \sum_{f \in F(i)} \boldsymbol{S}(i,\ f) \| \boldsymbol{S}_i - \boldsymbol{S}_f \|_F^2 + \frac{\lambda_1}{2} \| \boldsymbol{S} \|_F^2 + \frac{\lambda_2}{2} \| \boldsymbol{V} \|_F^2$$

$$(6\text{-}24)$$

其中，$\alpha,\ \beta > 0$，目标函数中第二个算子表示了 2 个商品之间的相关性。在实际情况中，用户选择某商品，说明该商品一定有满足这个用户某种需求的属性或特征，通过对 2 个商品的特征向量差值的计算，可以挖掘出它们之间的相关性。当用户 i 选过商品 j，那么和商品 j 相似的商品 k 就有可能被该用户选择。第三个算子实际上是对社会关系的一个修正，用户对未选择过的商品的偏好计算都是基于一个假设前提，即目标用户的偏好接近其朋友们的平均偏好。事实上，有时候目标用户和朋友的偏好是不同的，但受到的影响很大。由第三个算子可知，当 $\boldsymbol{S}(i,\ f)$ 值较小时，对应的 $\boldsymbol{S}_i$ 和 $\boldsymbol{S}_f$ 之间的差异较大；当 $\boldsymbol{S}(i,\ f)$ 值较大时，对应的 $\boldsymbol{S}_i$ 和 $\boldsymbol{S}_f$ 之

间的差异较小。 此时说明，并非越相似，结果就越好，当达到某一中间值
时，整个算子会最优。

对于用户隐藏特征矩阵 $\boldsymbol{S}$ 和商品隐藏特征矩阵 $\boldsymbol{V}$ 的求解，我们将采用
梯度下降方法，分别对用户特征向量和商品特征向量求偏导，令偏导数为
零求解，偏导数如式（6-25）和式（6-26）所示：

$$\frac{\partial L}{\partial \boldsymbol{S}_i} = \sum_{j=1}^{n} a_{ij} (\boldsymbol{S}_i^{\mathrm{T}} \boldsymbol{V}_j - \boldsymbol{R}_{ij}) \boldsymbol{V}_j + \beta \sum_{f \in F(i)} S(i, f)(\boldsymbol{S}_i - \boldsymbol{S}_f) + \lambda_1 \boldsymbol{S}_i \qquad (6\text{-}25)$$

$$\frac{\partial L}{\partial \boldsymbol{V}_i} = \sum_{i=1}^{m} a_{ij} (\boldsymbol{S}_i^{\mathrm{T}} \boldsymbol{V}_j - \boldsymbol{R}_{ij}) \boldsymbol{S}_i + \alpha \sum_{i=1}^{m} a_{ij} (V_j - V_k) + \lambda_2 V_j \qquad (6\text{-}26)$$

6.2.3　推荐效果评价指标

为了评估融入社会网络关系的推荐方法的性能，我们将采用一些标准
的测量指标，主要用于测量推荐结果的精确性和多样性，就推荐方法的性
能而言，精确性始终是第一重要的。 这里选取第 4 章列出的测试指标中的
3 个——准确率、召回率和海明距离，再加入 2 个新的测试指标 F 值
（F-meansure）和均方根误差（Root Mean Square Error，RMSE）。 新的
测试指标和原有的测试指标的原理类似，均方根误差与第 3 章所述的倒排
序值都是信息检索领域基于相似原理的精确性评价指标，两者常出现在实
际应用的评价体系中，本方法通过预测分值进行排序推荐，可以应用该指
标。 F 值指标是对准确率和召回率的加权调和平均。 众所周知，准确率
和召回率是互相影响的，虽然两者都高是一种期望的理想情况，但是实际
中常常是准确率高，召回率就低，或者召回率高，准确率低。 所以在实际
中常常需要根据具体情况做出取舍，例如一般搜索的情况是在保证召回率
的情况下提升准确率，而如果是疾病监测、反垃圾邮件等，则是在保证准
确率的条件下，提升召回率。 但有时候需要兼顾两者，那么就可以采用 F
值指标。 面对众多的评测指标，不同的学者会选择不同但类似的评价指
标，本节新增的指标是电子商务平台常用的评测指标，事实上评测推荐方
法的性能一般选取 3 至 4 个典型的评测指标即可。 每项指标简要描述如下
（准确率、召回率和海明距离已详细讲述，这里不再赘述）：

1）F 值

综合评价指标 F 值也称为 *F-score*，同样是信息检索领域常见的指标。准确率和召回率指标有时候会出现矛盾的情况，这样就需要综合考虑它们，最常见的方法就是计算 F 值。 如前所述，F 值是准确率和召回率的加权调和平均。 其计算表达式为

$$F\text{-}measure = \frac{\beta^2 \times (Precision \times Recall)}{\beta \times Precision + Recall} \qquad (6\text{-}27)$$

其中，β 是调节参数，通常会取 1，此时的 F 值公式就变为

$$F\text{-}measure = \frac{1 \times (Precision \times Recall)}{Precision + Recall} \qquad (6\text{-}28)$$

对于一个推荐方法，F 值越大说明方法的性能越好，具有较高准确率的同时又兼具较高的召回率。

2）均方根误差

它是观测值与真实值偏差的平方和观测次数 n 比值的平方根。 在实际测量中，由于观测次数 n 总是有限的，真实值只能用最可信赖（最佳）值来代替。 在个性化推荐评测中，均方根误差计算了所有预测打分值与真实打分值的误差值的平方和的平均值的根值，它的值越小，说明推荐方法的预测准确度越高，其公式如下：

$$RMSE = \sqrt{\frac{1}{T} \sum_{i,\,j} (r_{ij} - \overline{r}_{ij})^2} \qquad (6\text{-}29)$$

其中，r_{ij} 是真实打分值，$\overline{r}_{ij}$ 是预测打分值，T 表示预测的次数。

6.2.4　实验验证

为了测试融入社会网络关系推荐方法的性能，我们采用 3 个数据集进行评测。 第一个标准数据集来源于 UCI 的 13 个分类数据集即第 4 章所用到的测试聚类效果的数据集，该数据集主要用来测试聚类的效果。 第二个和第三个数据集用于测试推荐方法的性能，分别是标准真实数据集 Book-Crossing 和合作企业真实数据集。 Book-Crossing 数据集在前面两章已经进行了详细描述，这里不再赘述。 合作企业真实数据集来源于我们的合作企业提供的移动用户购物数据，这些数据由与企业合作的移动运营商、电

子商务平台提供，此外还融入了通过爬虫工具采集的用户相关数据。 合作企业真实数据集包括 5 个数据表：第一个为 8 992 个移动用户的基本属性信息表；第二个为 2 374 个商品的基本属性信息表；第三个为用户之间的交互信息表（只能知道哪些用户之间有交互）；第四个为在 4 个月内 8 992 个用户对 2 374 个商品发生的 96 680 个行为（包括点击、收藏、加入购物车和购买，分别用不同的数值标记）的记录表；第五个为 4 个月内 8 992 个用户对 2 374 个商品的 17 223 个评分的记录表，分值范围是 1 到 5 分且是离散值。

在实验前，我们需要对 Book-Crossing 数据集和合作企业真实数据集中的数据进行预处理。 我们认为，打分的分值能够代表用户对某商品的喜好，分值越高说明用户对该商品越青睐。 对于 Book-Crossing 数据集，具体的设置在 5.1.4 部分已讲过，这里不再赘述。 对于第 3 个数据集，我们考虑打分分值在 3 分以上的商品才可能是用户喜欢的，另外考虑到用户的收藏和加入购物车行为可能也体现了该用户对某商品的偏好，因此给予虚拟评分 3 分，由此我们让它们之间产生一条连边 $a_{ij}=1$，其余为 $a_{ij}=0$，并设定偏好值 $r_{ij}=\{5, 4, 3\}$。 此外，我们还区分潜在的朋友和非朋友关系，根据交互信息表中的交互信息，我们认为，有交互的可能是朋友，没有交互的可能为非朋友。

最后我们将 Book-Crossing 数据集分为两部分，80％的数据作为训练集，剩下 20％的数据作为测试集；将合作企业真实数据集按时间段进行划分，总共 120 天的数据量。 实验的开发语言为 Java，所有方法都用 Java 编写，操作系统采用 Linux。

1）参数确定

复杂情境下融入社会网络关系的推荐模型中涉及用户聚类计算中的 3 个参数，c_1，c_2，w，以及相似性计算与矩阵因子分解中的 6 个参数，μ，δ，α，β，λ_1，λ_2。 下面分别就这些参数值的确定进行阐述。

在聚类算法中，c_1，c_2 为加速常数，一般取值 2；w 为惯性权重，取值范围在 0.7 至 1.2 之间。 我们设定 $c_1=c_2=2$，惯性权重 w 在 0.7 至 1.2 之间进行迭代，每 2 个值之间的间距设为 0.1，即步长为 0.1。 聚类质量评价方法依然采用内部度量法，如前所述，该度量方法又包含 2 种衡量指标：聚类内部距离度量和聚类间距离度量。 这 2 种衡量指标的计算公式及说明见 5.1.4 部分的公式（5-15）、公式（5-16）及相应的说明内容。

经过迭代计算得出惯性权重 w 的最优值为 1.1。 表 6-3 展示了在指标 D/L 下，基于 PSO 的 KHM 聚类算法和 KHM 聚类算法的聚类质量比较情况，其中 $c_1 = c_2 = 2$，$w = 1.1$。

表 6-3　基于 PSO 的 KHM 聚类算法和 KHM 聚类算法的比较

数据集	样本数	特征数	类别 (k)	D/L 基于 PSO 的 KHM 聚类算法的 D/L 值与 KHM 聚类算法的 D/L 值的比率
Balance	625	4	3	0.861
Cancer	569	30	2	0.851
Cancer-Int	699	9	2	0.853
Credit	690	15	2	0.864
Dermatology	366	34	6	0.866
Diabetes	768	8	2	0.869
Ecoli	327	7	5	0.870
Glass	214	9	6	0.868
Heart	303	75	2	0.852
Horse	364	27	3	0.849
Iris	150	4	3	0.853
Thyroid	215	5	3	0.861
Wine	178	13	3	0.862

从表 6-3 中可知，基于 PSO 的 KHM 聚类算法要优于 KHM 聚类算法，符合我们的预期。 对于用户聚类，该方法有利于相似性计算精确性的提高，在前文已进行论证，这里也不再进行实验验证。

接着确定相似性计算与矩阵因子分解中的参数：δ，μ，α，β，λ_1，λ_2。 对于朋友和非朋友关系的权重参数 δ，我们设定其在 0.1 至 0.4 之间变动，步长为 0.1。 根据第 4 章的研究结果，我们预测相似性计算公式中的参数 μ 的最优取值范围应该在 1.86 附近。 参数 μ 为正值，表明了不流行的商品对 2 个用户之间的相似性贡献较大，流行商品的贡献较小。 我们采用二分搜索的思想，在迭代中设每 2 个值之间的间距为 0.01，即步长为 0.01。 根据 Ma et al.（2011）的研究成果，设定正则化参数 α 和 β 同值且在 0.01 附近，λ_1 和 λ_2 同值也在 0.01 附近，迭代步长为 0.01。

而后以均方根误差为目标函数，求该值最小时对应的各个参数，经过迭代计算得出最优参数值 $\delta = 0.3$，$\mu = 1.85$，$\alpha = \beta = \lambda_1 = \lambda_2 = 0.01$。

2）实验结果

为了便于记忆，我们将融入社会网络关系的推荐方法命名为 Recommendation Method based on Social Networks，简称 RMSN。 针对 Book-Crossing 数据集，推荐列表长度分别选取 50，60 和 70 进行测试；针对合作企业真实数据集，推荐列表长度分别选取 10，20 和 30。 用于对比的推荐方法，我们选取第 4 章提到的 3 个推荐方法：CF，MCF 和 NN-CosNgbr。 评价指标选取准确率、召回率、F 值、均方根误差和海明距离，前 4 个指标用于测量推荐结果的精确性，后一个指标用于测量推荐结果的多样性。 表 6-4 展示了在 Book-Crossing 数据集下，不同的推荐方法对应不同的推荐列表长度时的性能表现。 其中，MCF 中的参数 $\alpha = 1.85$，RMSN 中的参数 $\delta = 0.3$，$\mu = 1.85$，$\alpha = \beta = \lambda_1 = \lambda_2 = 0.01$。 当前的实验结果来自于对数据进行的 5 次随机的按 80% 测试集、20% 训练集分割的平均。

表 6-4　在 Book-Crossing 数据集下各个方法的性能优劣

	Precision	Recall	F-meansure	RMSE	Hamming Distance
$L = 50$					
CF	0.039	0.181	0.064	0.932	0.519
MCF	0.044	0.192	0.072	0.782	0.547
NN-CosNgbr	0.043	0.190	0.070	0.784	0.545
RMSN	0.051	0.211	0.082	0.654	0.629
$L = 60$					
CF	0.037	0.201	0.062	0.921	0.511
MCF	0.042	0.214	0.070	0.768	0.536

续　表

	Precision	Recall	F-meansure	RMSE	Hamming Distance
NN-CosNgbr	0.041	0.214	0.069	0.768	0.532
RMSN	0.049	0.232	0.081	0.648	0.618
$L=70$					
CF	0.032	0.228	0.056	0.920	0.497
MCF	0.036	0.243	0.063	0.742	0.522
NN-CosNgbr	0.035	0.242	0.061	0.741	0.520
RMSN	0.044	0.259	0.075	0.644	0.592

以推荐列表长度为 50 为例,在 Book-Crossing 数据集下,RMSN 与经典的协同过滤方法 CF 相比,在准确率、召回率和 F 值指标上分别高出 30.8%,16.6% 和 28.1%,在均方根误差指标上要低 29.8%,在海明距离指标上要大 21.2%。 相比另外 2 种推荐方法 MCF 和 NN-CosNgbr,RMSN 在 5 个指标上依然是最优的。 进一步比较推荐列表长度为 60 和 70 的情况,从表中可以看出,RMSN 要优于其他 3 种方法。

合作企业真实数据集中包含了时间维度,该数据来源电子商务领域的用户真实数据,除了包含用户在线行为信息外,还有用户之间的交互信息(只知交互对象,不知交互内容)及可能存在的用户兴趣漂移现象。 为了处理数据中的用户兴趣漂移问题,我们将按照时间进行截断,分别以训练集中前 100 天的数据和前 60 天的数据作为子训练集进行推荐商品计算。

表 6-5 展示了在合作企业真实数据集下各个方法的性能优劣。 推荐列表长度 L 分别为 10,20 和 30。 测试指标为准确率、召回率、F 值、均方根误差和海明距离。 其中,MCF 中的参数 $\alpha=1.85$,RMSN 中的参数 $\delta=0.3$,$\mu=1.85$,$\alpha=\beta=\lambda_1=\lambda_2=0.01$。 以训练集中前 100 天的数据计算。

表 6-5　在合作企业真实数据集下各个方法的性能优劣

	Precision	Recall	F-meansure	RMSE	Hamming Distance
$L=10$					
CF	0.049	0.281	0.083	0.984	0.528

	Precision	Recall	F-meansure	RMSE	Hamming Distance
MCF	0. 064	0. 328	0. 107	0. 832	0. 602
NN-CosNgbr	0. 063	0. 329	0. 106	0. 834	0. 601
RMSN	0. 092	0. 411	0. 150	0. 614	0. 682
$L=20$					
CF	0. 047	0. 286	0. 081	0. 981	0. 521
MCF	0. 062	0. 331	0. 104	0. 828	0. 588
NN-CosNgbr	0. 062	0. 330	0. 104	0. 828	0. 586
RMSN	0. 088	0. 414	0. 145	0. 612	0. 664
$L=30$					
CF	0. 042	0. 288	0. 073	0. 979	0. 517
MCF	0. 061	0. 333	0. 103	0. 817	0. 564
NN-CosNgbr	0. 060	0. 332	0. 102	0. 819	0. 563
RMSN	0. 085	0. 416	0. 141	0. 609	0. 651

表 6-5 中的数据是对训练集中前 100 天的数据进行相似性计算和矩阵因子分解的结果。 由该结果可知，在推荐列表分别为 10，20 和 30 的情形下，RMSN 要优于其他 3 种推荐方法，具有更高的准确率、召回率和 F 值，更低的均方根误差，更大的海明距离。

表 6-6 展示了在合作企业真实数据集下各个方法的性能优劣。 推荐列表长度 L 分别为 10，20 和 30。 测试指标为准确率、召回率、F 值、均方根误差和海明距离。 其中 MCF 方法中的参数 $\alpha=1.85$，RMSN 方法中的参数 $\delta=0.3$，$\mu=1.85$，$\alpha=\beta=\lambda_1=\lambda_2=0.01$。 以训练集中前 60 天的数据计算。

表 6-6　在合作企业真实数据集下各个方法的性能优劣

	Precision	Recall	F-meansure	RMSE	Hamming Distance
$L=10$					
CF	0. 050	0. 283	0. 085	0. 981	0. 530

续 表

	Precision	Recall	F-meansure	RMSE	Hamming Distance
MCF	0.065	0.329	0.109	0.824	0.607
NN-CosNgbr	0.065	0.330	0.109	0.824	0.608
RMSN	0.096	0.420	0.156	0.609	0.689
$L=20$					
CF	0.048	0.288	0.082	0.979	0.523
MCF	0.064	0.334	0.107	0.822	0.591
NN-CosNgbr	0.063	0.334	0.106	0.821	0.590
RMSN	0.093	0.423	0.152	0.606	0.667
$L=30$					
CF	0.044	0.290	0.076	0.977	0.519
MCF	0.062	0.338	0.105	0.815	0.568
NN-CosNgbr	0.062	0.337	0.105	0.816	0.567
RMSN	0.091	0.427	0.150	0.604	0.658

我们首先对比表 6-6 和表 6-5 中各项指标值可知，用户在 4 个月的时间内兴趣发生了漂移。 这一问题也表明，越新的数据越能反应用户的当前兴趣，旧的数据反映出的用户兴趣可能是用户慢慢遗忘或逐渐变化的兴趣。其次，RMSN 在该数据集下表现出的性能也要优于其他 3 种方法。 最后，对于一个新的推荐方法，在在线应用时需要考察该方法的执行效率及推荐质量。 推荐质量已通过前面的实验进行了验证，要优于其他一些推荐方法。 推荐方法的执行效率通常由方法的计算时间复杂度和内存消耗来衡量。 融入社会网络关系的个性化推荐方法的整体时间复杂度近似于 $O(m^2+mn)$，其中 m 表示用户数，n 表示商品数，且 $m>n$。 相比传统的协同过滤方法等增加了一定的计算时间复杂度，但推荐质量提升了很多，在可接受范围内。 在内存消耗上，RMSN 需要 m^2（计算机会转换成相应的字节数）的存储空间存储数据。

6.3　复杂情境下基于情境和主体特征融入性的多维度个性化推荐

6.3.1　主体兴趣特征数据收集

为了实现个性化推荐，必须先对网络用户构建用户兴趣模型。构建用户兴趣模型的第一步就是收集能够反映主体兴趣特征的数据。一般情况下，反映用户兴趣特征的数据有很多，主要包括用户注册信息、操作日志信息、用户网络行为数据、文本页面内容数据及 Web 站点拓扑结构等。这些数据可以从用户客户端、系统服务器端和代理服务器端等数据源获得，可将这些获取的元数据进行预处理并以适当的格式进行保存，供以后挖掘主体兴趣特征与构建用户兴趣模型时使用。归纳起来，获取主体兴趣特征数据的主要途径包括用户显式提供的基本信息和跟踪用户隐式提供的行为数据两大类。

1）用户显式提供的基本信息

通过用户主动提供相关信息的方法可以直接获取用户的基本信息与兴趣倾向，但其信息的有效与否取决于用户是否愿意积极参与和配合。例如在首次使用某个网络应用系统时，用户一般都会被要求注册一个用户账号，其中要填一些个人的基本背景信息和兴趣爱好。当然，这些注册信息大部分是可以被用户根据具体的实际情况来修改的。网络调查报告显示，大部分网络用户愿意在正规网站或网络应用系统上提供姓名、性别、年龄、现居地、爱好、教育和职业等基本信息，但是更多的可能涉及隐私的信息却不愿透露，况且用户在注册时填写的兴趣爱好只能反映网络用户的长期兴趣和总体偏好。一方面，注册信息的兴趣特征不够具体；另一方面，如果用户的兴趣爱好发生了变化或产生了新的兴趣，用户很少有意愿去修改之前填写的信息，而产生新的兴趣偏好恰恰在网络信息时代是经常发生的。

用户在注册某个网络应用的账号时，常见的要填写的基本注册信息有用户名、性别、年龄、现居地、婚姻、爱好、教育、职业和收入等。 这些信息基本上是用户愿意在正规网站或网络应用上显式提供的。

（1）性别：不同性别的人在网络上所关注的领域和项目存在着比较大的差别。 例如女性一般关注护肤品、女装、饰品和鞋等，而男性则可能对数码产品、体育用品和男装等比较关注。 男性和女性对商品的属性关注侧重点也会有比较大的区别。

（2）年龄：不同年龄层次的人在网络上所关注的领域和商品类型会有比较大的区别。 年轻人一般关注时尚的领域，年长的人则更注重于实用商品，随着年龄的增长，用户兴趣是会逐渐发生漂移的。

（3）现居地：人所居住的环境会影响人的行为，尤其是长期在某个城市环境下生活和工作的人，其行为和关注点都会被周围的人和环境所感染，发生一定的兴趣漂移。

（4）婚姻：用户的婚姻状况也会影响用户的兴趣及其漂移。 一般，未婚人士是从个人需求的角度来考虑自己的兴趣，而已婚人士（尤其是已婚女士）往往会从整个家庭的角度来考虑其兴趣。 例如有些人结婚后就会逐渐关注儿童用品。

（5）爱好：这里的爱好是用户根据对自己的了解，做出的一个相对笼统的显式表达。 但是，这是用户显式提供的，只要用户不是乱填的，都会有一定的指导意义。

（6）教育：各种网络应用数据统计表明，不同学历层次的人对商品的选择要求和关注领域都有所不同。 一般学历越高的人对网络行为存在更全面的认识和更多的需求。

（7）职业：用户的职业也会影响用户的各种行为和兴趣偏好。 在不同工作环境下的用户关注的领域会出现明显的倾向性。

（8）收入：收入的高低会直接影响网络用户的各种网络行为。 一般收入较高的人会对品质的要求更高。

2）跟踪用户隐式提供的行为数据

相关研究显示，由于得不到及时明确的回报，只有少数的用户在某些激励机制下会参与到显式反馈信息活动中。 而且，由于用户的不信任和可能涉及隐私等问题，通过这种方式获取的信息不一定真实。 隐性方式收集则一般不需要用户的主动参与，是通过系统在不打扰用户正常网络行为的情况下自动捕获并分析完成的。 例如 Web 服务器端数据、Web 使用数据和客户端数据等。 其中，Web 使用数据主要记录了网站系统和用户之间交互的数据信息。 Web 服务器端数据主要指的是网络日志文件信息，主要涉及用户的 IP 地址、ID 及访问方式、访问时间、访问次数和访问链接等。 客户端数据主要有用户的收藏、关注、标记和购买等网络行为和操作等。

因为用户显式提供的基本信息，例如用户注册信息等，是可以直接通过表单的形式进行提交，再储存到系统服务数据库中的。 在这种情况下的用户兴趣特征提取相对比较简单方便。 但是，从跟踪用户隐式提供的行为数据中是无法直接获取用户兴趣信息的，所以下面将主要针对这一块数据进行特征提取。

6.3.2　主体兴趣特征提取方法

主体兴趣特征的提取属于 Web 信息抽取领域，而 Web 信息抽取领域的理论研究和实践应用也已经成了智能信息处理的一个研究重点。 目前，有关信息抽取的模型主要有 3 种：一种是基于字典的模型；一种是基于规则的模型；一种是基于统计的模型，如隐马尔可夫模型（Hidden Markov Model，HMM）（刘云中，2004）。

1）主体兴趣特征分析

利用用户网络行为特征挖掘并分析主体兴趣和偏好中的网络行为主要包括用户访问网页、点击超链接、浏览和保存网页、关注项目、收藏对象和搜索查询等，以及对 Web 站点导航、历史行为记录等设置的运用等。本章所设计的用户网络行为数据结构如表 6-7 所示，是一个网络行为状态集。

表 6-7　用户网络行为状态集结构

Keywords	检索、搜索关键词
Topics	用户所请求网页的主题
Times	用户访问该网页的次数
Datetime	用户访问该网页的时间
Time	在某页面驻留的时间（秒）
Book	增加书签操作
Savepage	保存、收藏页面操作
Scroll	拖动滚动条操作
Links	点击某个或某几个超链接

定义 1　行为状态集：$S = \{$Keywords, Topics, Times, Datetime, Time, Book, Savepage, Scroll, Links$\}$。

2）主体兴趣特征提取步骤

二阶隐马尔可夫模型（$HMM^{(2)}$）相对一阶隐马尔可夫模型（$HMM^{(1)}$）而言，多考虑了历史状态模型之间存在的关联性，一定程度上可以改善文本抽取的精度。采用 $HMM^{(2)}$ 进行用户网络行为的特征提取，第一步是对已标记的样本进行预处理，并利用 Baum-Welch（BW）算法对其进行训练，构建其 $HMM^{(2)}$；第二步将预处理后的待提取特征利用 Viterbi 算法代入模型中进行解码，从而输出所需的标记序列，即可提取的用户行为兴趣特征序列（琚春华，2011）。基于 $HMM^{(2)}$ 的用户兴趣特征提取的算法流程简图如图 6-6 所示。

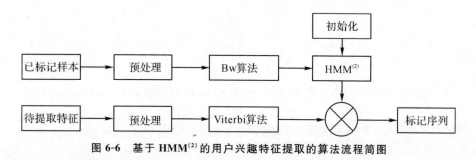

图 6-6　基于 $HMM^{(2)}$ 的用户兴趣特征提取的算法流程简图

基于 HMM[2] 的主体兴趣特征提取分为训练和提取两大步骤。训练部分过程如下：

（1）将用户近期的、常发生的网络行为的一些特征数据先后进行预处理，形成用户网络行为文档，其中将检索及搜索关键词、用户所请求网页的主题、用户访问该网页的次数、用户访问该网页的时间、在某页面驻留的时间（秒）、增加书签操作、保存及收藏页面、拖动滚动条操作和点击某个或某几个超链接等 9 个特征作为状态序列。

（2）对已标记的文档进行数据预处理，收集系统服务器端与客户端的数据信息，经过处理形成文档，再通过空格、标点、分隔符和换行等对已标记文本序列进行分块修改，得到处理后的分块序列文档。

（3）采用 HMM[2]，还要设计模型的几个关键参数，其确定过程参见公式（6-30）至公式（6-33）（章敏，2012）：

①训练样本的初始概率分布矢量：

$$\pi_i = \frac{Init(i)}{\sum\limits_{j=1}^{N} Init(j)}, \ 1 \leqslant i \leqslant N_s \tag{6-30}$$

其中，$Init(i)$ 表示已标记的样本中以 S_i 为开始状态的序列数，$\sum\limits_{j=1}^{N} Init(j)$ 表示包括所有开始状态在内的序列总数，π_i 表示训练样本的初始概率分布矢量。

②训练样本的初始状态转移概率：

$$a_{ij} = \frac{C_{ij}}{\sum\limits_{k=1}^{N} C_{ik}}, \ 1 \leqslant i, j \leqslant N \tag{6-31}$$

$$a_{ijk} = \frac{C_{ijk}}{\sum\limits_{u=1}^{N} C_{iju}}, \ 1 \leqslant i, j, k \leqslant N \tag{6-32}$$

其中，C_{ij} 指的是从状态 S_i 到状态 S_j 的转移次数；C_{ijk} 指的是 $t-1$ 时刻的状态 S_i，t 时刻状态 S_j，转移到 $t+1$ 时刻状态为 S_k 的次数；$\sum\limits_{k=1}^{N} C_{ik}$ 指的是从状态 S_i 到所有状态的转移次数总和；$\sum\limits_{u=1}^{N} C_{iju}$ 指的是 $t-1$ 时刻的状

态 S_i，t 时刻状态 S_j，转移到所有状态的次数总和；N 表示总状态数。

③训练样本的观察值释放概率：

$$b_j(O_k) = \frac{E_j(O_k)}{\sum\limits_{i=1}^{M} E_j(O_i)}, \quad 1 \leqslant j \leqslant N \qquad （6-33）$$

$$b_{ij}(O_k) = \frac{E_{ij}(O_k)}{\sum\limits_{i=1}^{M} E_{ij}(O_u)}, \quad 1 \leqslant i, j \leqslant N, \quad 1 \leqslant k \leqslant M \qquad （6-34）$$

其中，$E_j(O_k)$ 指的是在状态 S_j 时释放观察值 O_k 的次数；$E_{ij}(O_k)$ 表示 $t-1$ 时刻的状态 S_i，t 时刻状态 S_j，释放观察值 O_k 的次数；$\sum\limits_{i=1}^{M} E_j(O_i)$ 表示状态 S_j 时释放所有观察值的次数总和；$\sum\limits_{i=1}^{M} E_{ij}(O_u)$ 表示 $t-1$ 时刻的状态 S_i，t 时刻状态 S_j，释放所有观察值的次数总和。

训练部分完成之后，就要进行特征提取，基于 HMM[2] 的主体兴趣特征提取的处理过程如下：

（1）要对待提取特征的文本进行数据预处理，收集系统服务器端与客户端的数据信息，经过处理形成文档，再通过空格、标点、分隔符和换行等对已标记文本序列进行分块修改，得到处理后的分块序列文档。

（2）结合训练部分输出的 HMM[2] 及其关键参数，利用 Viterbi 算法进行计算，可以通过观察文本序列来预测最有可能的隐藏序列。再利用已建立好的 HMM[2] 进行用户网络行为兴趣特征的提取。随后，将处理得到的状态输出观察值 $O=\{O1, O2, \cdots, OT\}$ 作为模型输入，从而找出状态标签序列中概率最大的，用户网络行为兴趣特征提取的内容是被标记为目标状态标签的观察文本。

6.3.3　主体兴趣情境分析

用户主体兴趣模型（UIM）是个性化推荐服务的重要内容，它可以将得到的用户兴趣偏好用结构化的形式动态地保存为主体兴趣模型（Panniello，2009）。领域本体描述的是某个领域特定的概念及概念之间的层次与关系，以及提供了某个领域中发生的活动，相关理论与重要原理等（刘永利，2010）。 个性化用户兴趣本体（Personal Interest Ontology，Personal IO）是在对用户研究的领域本体基础上，所构建的初始用户兴趣本体模型，实际上也就是领域本体的子集。 个性化用户兴趣本体 Personal IO 是用户领域本体在不同用户需求基础上通过本体的投影而取得的。

对互联网及其用户而言，用户主体兴趣情境信息就是用来描述用户兴趣及其所处环境的相关信息，在本章中主要包括了用户的基本注册信息、情境信息及网络行为信息。 用户的基本注册信息是对用户自身属性的描述，包括用户在注册时填写的用户名、性别、年龄、职业和教育等相对静态的信息。 用户的情境信息是指在某一活动过程中所涉及的特定信息，如 IP 地址、时间和地点等（姚忠，2008）。 用户网络行为信息是指用户在进行网络行为过程中的访问网页主题、搜索关键词、点击、浏览、保存、收藏、关注和点评等行为的动态信息。

我们通过研究发现，传统的推荐系统很少涉及情境和文化环境等因素，而情境与文化环境在一些个性化推荐系统中可能存在重要影响。 另外，用户具有诸多个性特征，不同类别的特征属性对不同领域的推荐会有不同的影响权重；不同的情境与文化环境同样会影响用户的个性化选择。例如上海"海派文化"、北京"京派文化"、广州"羊城文化"等都会影响处于该文化背景中的个体的消费行为。 所处的时代情境或实时事件也对个体的消费行为有很大的影响。 同时，处于相近文化背景或实时事件下的个体可以利用长尾理论创造更多的用户兴趣，提升效益。 例如位于上海周边的宁波、嘉兴等深受上海"海派文化"的影响，尤其是宁波与上海之间的文化影响是长期的、紧密的和互相的，那么可以依据文化背景等情境和个体特征进行个性化推荐，一件在上海兴起并流行的商品可以推荐给在宁波的相似用户，实现长尾理论的效益。 然而，传统的个性化推荐系统难以实现上述融入文化背景和实时事件等情境的多维度个性化推荐。 同时，目前一些学者进行的个性化研究虽然也在尝试从不同的角度进行分析，但是鲜有涉及针对文化背景和实时事件对不同个体消费行为的影响及相似文化背景下的长尾效益的研究。

6.3.4 用户主体兴趣描述与映射

1）用户主体兴趣描述

用户的兴趣特征主要是由用户自身的内因和所处的外因决定的。 内部因素主要有专业与教育程度、年龄、性别、职业与经济收入和自我观念等；外部因素主要包括家庭、文化和社会经济等。 多方面的因素综合在一起对用户网络行为产生影响。 不同用户之间存在着各方面的差异，对商品的兴趣也存在着不同的特点、关注点和偏向。 人们因职业、学识背景、年龄和区域文化等的不同，在系统中所关注的领域也是不同的。

用户的网络兴趣往往可以在他们的行为中得到反映，用户的兴趣和需求会通过他们的各种网络行为被记录下来。 所以可以通过对用户的检索关键词、访问浏览等操作行为和历史购买及评价记录等信息的分析，挖掘出一定时期内用户的真实兴趣。 用户的众多网络行为主要涉及以下 3 个类别：

（1）用户检索关键词：检索关键词是用户显式提供的，在某种程度上就说明了用户当前的兴趣或需求，对此有一定的获取愿望。 但是，有时候有些用户很难完整并清晰地表达自己的需求，这就要求将关键词与概念库中的知识进行匹配和调整，以便更有效地与系统对接，更准确地描述用户兴趣。

（2）用户历史访问浏览等操作行为：主要涉及访问的 Web 站点的主题、用户访问该网页的次数、用户访问该网页的时间、在某页面驻留的时间（秒）、增加书签操作、保存和收藏页面操作、拖动滚动条操作、点击某个或某几个超链接等操作行为。

（3）用户历史购买及评价记录：历史购买的商品和对商品的评价可以反映用户曾经感兴趣的东西。 当然，这种需求可能是短期的，也可能是长期的，根据挖掘规则可以分析用户的长期兴趣主题，或是找出短期内影响用户兴趣的关键项目（赵梦，2007）。

2）用户主体兴趣映射

针对电子商务网站的用户，本章对用户主体兴趣信息做了如下定义：

定义 2　主体：用户 u 是在某网站上能被唯一识别的注册用户。 网站上注册用户的集合定义为用户集 $U = \{u_1, u_2, \cdots, u_N\}$。

定义 3 主体属性：用户背景属性集 ***UBE*** 是用户 u 已知存在的多种特征因素的集合，包括地域（Region）、性别（Sex）、年龄（Age）、职业（Occupation）、婚姻（Marriage）、教育程度（Education）、专业（Major）和收入（Income）等。定义用户背景属性集 ***UBE*** = {Region, Sex, Age, Marriage, Education, Major, Income, ⋯}。

定义 4 主体行为：用户兴起行为集 ***UIB*** 是 u 在 Web 应用上所有网络行为的集合。包括：标记行为，如其检索及搜索关键词、增加书签操作、保存和收藏页面操作等；操作行为，如拖动滚动条操作、点击某个或某几个超链接、用户访问该网页的时间、用户访问该网页的次数和在某页面驻留的时间（秒）；购买与评价行为，这是用户最关键且最有价值的行为。定义兴趣行为集 ***UIB*** = {Keywords, Topics, Times, Datetime, Time, Book, Savepage, Scroll, Links}。

定义 5 情境：领域情景，属微观的情景。情境对象是信息推荐过程中任何关联的对象，存在一组描述该对象特征的非空属性集 $S_i = \{S_{i1}, S_{i2}, \cdots, S_{im}\}$，每个属性 $S_{ij}(j = 1, 2, \cdots, m)$ 都有一组属性值 $S_{ij} = \{S_{ij1}, S_{ij2}, \cdots, S_{ijr}\}$；对于推荐过程中的时刻 t，S_i 都唯一具有一个属性值 $S'_{ij}(S'_{ij} \in S_{ij})$。相应地，在时刻 t，情境对象 S_i 都具有特定状态 $S'_i = \{S'_{i1}, S'_{i2}, \cdots, S'_{im}\}$。在不同的推荐领域下，影响用户行为的因素是不同的。

定义 6 用户兴趣内容集 ***UIC*** 表示对用户在该网站中可以访问的资源进行分类后的兴趣内容集合。 ***UIC*** = $\{P_1, P_2 \cdots, P_l\} \cup \{L_1, L_2, \cdots, L_m\} \cup \{C_1, C_2, \cdots, C_n\} = \{UIC_1, UIC_2, \cdots, UIC_M\}$，其中 P 是该网站的一个组件频道，L 是其中的一条超链接，C 是一个标签内容。 ***UIC*** 是采用概念分层方法分类生成的兴趣内容，则其有对应的兴趣概念集：$\sum = \{\sigma_x \mid 1 \leqslant x \leqslant Z\}$，$\exists UIC \mid \to \sigma_x$，$\sigma_x$ 为兴趣内容特征概念，$\mid \to$ 表示兴趣内容到特征概念的映射关系。

定义 7 令用户 u 在同一个会话时间段 T 中的访问过程顺序记录为一

条访问事务 tr，定义为多元组，即 $\{tr.u,\ (tr.content_1,\ tr.time_1,\ tr.background_1,\ tr.behavior_1),\ \cdots,\ (tr.content_p,\ tr.time_p,\ tr.background_p,\ tr.behavior_p)\}$。其中，$tr.u \in U$ 表示访问用户，四元组 $(tr.content,\ tr.time,\ tr.background,\ tr.behavior)$ 表示用户每次的访问操作，$tr.content \in UIC$ 表示具体的兴趣内容，$tr.time(tr.time_p - tr.time_1 \leqslant T)$ 表示访问时间戳，$tr.background \in UBE$ 表示用户的具体背景因素，$tr.behavior \in UIB$ 表示用户的具体兴趣行为。因此，将所有访问事务 tr 按照会话时间顺序组成该用户在浏览过程中的访问事务集 $TR_u = \{tr_i \mid 1 \leqslant i \leqslant |TR_u|\}$，$|TR_u|$ 为用户的会话总数。

6.3.5　融入情境的用户兴趣本体模型构建

1）用户个体情境兴趣的度量与表达

此部分引入了模糊逻辑思想对基本用户属性、文化背景和历史网络行为等的影响因子权重映射进行了联合表达。

定义 8　令用户的背景因素表示为 $B_u = (u.background)$，$FB_B = Relation(B_u,\ UIC \cup UBE \cup UIB)$ 表示 $B_u \times (UIC \cup UBE \cup UIB)$ 域上 B_u 与 $UIC \cup UBE \cup UIB$ 之间的模糊关系，描述 u 交互访问过程中的用户基本信息背景对兴趣主题的影响，同时定义 $W_B(content_k) \in [0,1]$ 为归一化表示 FB_B 所反映的背景权重。

定义 9　令 $FB_{IB} = Relation(IB_u,\ UIC \cup UBE \cup UIB)$ 表示 $IB_u \times (UIC \cup UBE \cup UIB)$ 域上 IB_u 与 $UIC \cup UBE \cup UIB$ 之间的模糊关系，描述 u 交互访问过程中的用户行为特征及评价影响，同时定义 $W_{IB}(content_k) \in [0,1]$ 为归一化表示 FB_{IB} 所反映的行为兴趣权重。

定义 10　令用户 u 在购买过程中兴趣内容的变化表示为一个浏览路径序列集 $S_u = \{tr_i.seq\}$ $(tr_i \in IB_u,\ |S_u| = |IB_u|)$，$tr.seq$ 表示顺序记录每次浏览后兴趣内容 $tr_i.content_k$ 所在的行列位置。令 $FB_L = Relation(S_u,\ UIC \cup UBE \cup UIB)$ 表示 $S_u \times (UIC \cup UBE \cup UIB)$ 域上 S_u 与 $UIC \cup UBE \cup UIB$ 之间的模糊关系，描述 u 交互访问过程中的兴趣内容及关注程度，同时定义 $W_L(content_k) \in [0,1]$ 为归一化表示 FB_L 所反映的兴

趣内容权重。

因此，每个 u 结合用户背景、兴趣行为及兴趣内容描述的兴趣权重可表示为

$$W\,(\,content_k\,) = \theta_1 W_B\,(\,content_k\,) + \theta_2 W_{IB}\,(\,content_k\,) + \theta_3 W_L\,(\,content_k\,)$$

$$(6\text{-}35)$$

其中，$\theta_1 + \theta_2 + \theta_3 = 1$（$\theta_1$，$\theta_2$，$\theta_3 \in [\,0,1\,]$）。

2）构建融入主体特征和情境的用户兴趣模型

从系统学角度考虑，推荐模型由输入、处理和输出等组成，其中输入部分包括两类数据（显性数据和隐性数据）。显性数据是指用户自行注册输入的信息，如注册名、出生日期、性别、学历、职业、收入和居住地等。隐性数据是对来自 Web 数据的提取，如从用户历史购买记录中推测用户的偏好等。

融入主体特征和情境的用户兴趣模型构建框架如图 6-7 所示，由个性化用户兴趣本体（即用户模型）的获取、用户兴趣模型的修正和用户群的

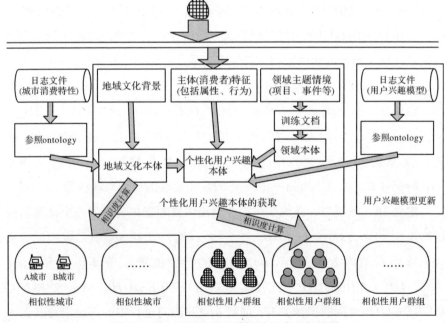

图 6-7　融入主体特征和情境的用户兴趣模型

组建等三部分组成。 其中，个性化用户兴趣本体的获取涉及用户的注册数据、领域本体的构建等；用户兴趣模型的修正是根据用户的访问等网络行为和检索关键词等来升级本体，从而实现用户兴趣模型的学习更新的；用户群的组建则是通过众多用户兴趣本体的相似度计算而获得的。

根据用户的兴趣情境信息，在构建用户本体情境中，将用户情境划分为用户个体基本情境、用户环境情境及用户设备情境。 本体通常是采用层次概念树的形式，用户情境的某一元素就是通过树中的每个节点来表示的，即构建情境本体树。 在此，对用户情境做如下定义：

定义 11 用户情境 $UserContext = (UPC，UEC，UDC)$，其中 UPC 表示用户个体基本情境，UEC 表示用户环境情境，UDC 表示用户设备情境。 用户个体基本情境表示为 $UPC = (UIC，UBE，UIB)$；用户环境情境表示为 $UEC = (DayTime，Location)$，$DayTime$ 表示用户网络行为发生的时间，$Location$ 表示用户网络行为发生时所处的位置或 IP 地址；用户设备情境表示为 $UDC = (Hardware，Software)$，即用户的软硬件设备。

6.3.6 主体兴趣相似度计算与推荐流程

1）主体兴趣相似度计算

设 G 为当前用户情境本体树 CT_1 中的某个非子节点，G 有 N 个子节点 $G_1，G_2，\cdots，G_N$，G' 为与 G 相对应的历史用户情境本体树 CT_2 的节点，则 G 与 G' 的相似度为

$$CTSim(G，G') = \sum_{i=1}^{N} w_i \times Sim(G_i，G_i') \tag{6-36}$$

其中，$\sum w_i = 1$，w_i 为第 i 个子节点的权重。

对于 2 个概念 G_i 与 G_i' 之间的相似度，本章采用基于 Levenstein 编辑距离的字符串相似度计算公式计算：

$$Sim(G_i，G_i') = \max\left\{0，\frac{\min[|G_i|，|G_i'|-ed(G_i，G_i')]}{\min(|G_i|，|G_i'|)}\right\}$$

$$\tag{6-37}$$

其中，$ed(G_i，G_i')$ 就是 G_i 与 G_i' 之间的 Levenstein 编辑距离。

用户情境相似度的算法思路为比较当前用户情境模型与历史用户情境模型的相似度，即根据本体模型的层次关系，通过对子层节点概念属性相似度的计算，回推其父节点概念属性的相似度，直到求出根节点概念属性的相似度。

具体算法步骤如下：

输入：当前用户情境本体树 CT_1 和历史用户情境本体树 CT_2。

输出：用户情境相似度 $CTSim(G, G')$。

步骤 1：设 $CTSim(G, G') = 0$。

步骤 2：取出 CT_1 中的某个概念 G_i，如果存在则转入下一步，否则结束。

步骤 3：在 CT_2 中找出与 G_i 对应的概念 G_i'，如果存在则转入下一步，否则转回步骤 2。

步骤 4：循环计算 G 与 G' 所有子节点 G_i 与 G_i' 的相似度 $CTSim(G, G') = w_i \times Sim(G_i, G_i')$，得到综合相似度。

2）模型的推荐流程

推荐流程、关键处理部分流程如图 6-8 和图 6-9 所示。

定义 12 切片操作 O1：按照城市或地区进行切片操作，提取不同城市或区域的分数据集。

定义 13 城市相似性操作 O2：根据城市的经济状况、文化、开放程度和地理位置等因素，对所分析的城市或区域进行针对性的聚类。

定义 14 特征选取操作 O3：主题情境相关性分析，在具体主题情境下进行主体特征的属性与行为的关联分析，提取关键属性和行为，更新领域本体。

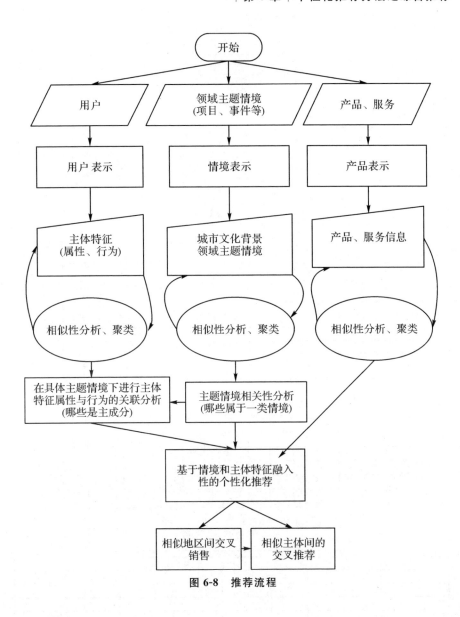

图 6-8 推荐流程

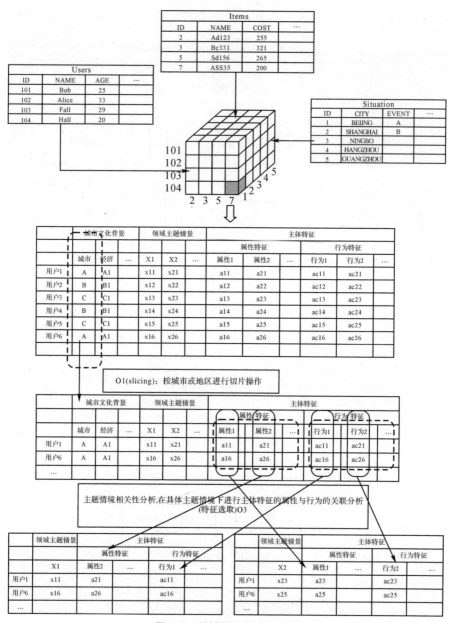

图 6-9　关键处理部分流程

算法的描述主要有前期准备，算法的输入、输出和计算流程等。

1）准备

城市背景分析。 根据城市的经济条件、历史文化和开放程度等不同或相似进行分析与聚类，再按城市的文化相似性进行交叉推荐，如上海消费者购买的商品可推荐给宁波的消费者。

2）输入

（1）按城市进行切片的用户行为数据 UIB；（2）用户注册集 U 及属性表 UBE；（3）项目信息表 IT；（4）用户兴趣内容集。

3）输出

目标用户 UID 对待推荐项目 IID 的感兴趣程度（UID 表示用户 ID，IID 表示待推荐项目 ID）。

4）计算流程

（1）根据不同的商品领域，对城市进行背景主成分提取，并聚类；

（2）按城市聚类结果对用户行为和用户注册属性数据进行切片；

（3）在不同的推荐领域下，根据项目信息表（IT）和用户行为数据 UIB，计算情境内容集合 I。

$$I = \bigcup_{i=1}^{k} C_i \tag{6-38}$$

其中，k 为情境数，C_i 为第 i 个情境所包含的项目集：$C_1 = \{i_{11}, i_{12}, \cdots, i_{1j_1}\}$，$C_2 = \{i_{21}, i_{22}, \cdots, i_{2j_2}\}$，$\cdots$，$C_k = \{i_{k1}, i_{k2}, \cdots, i_{kj_k}\}$。由于一个项目可以属于多个情境，$Num(I) \leqslant sum\{j_1, j_2, \cdots, j_k\}$，其中 $Num(I)$ 为 I 所含项目的总数。

（4）根据情境内容集合 I，寻找项目的邻近项目，即计算项目 j 与项目 q 之间的相似性（品牌、评分和销量等），记为 $Sim(j, q)$；再根据 $Sim(j, q)$ 的大小排列，确定邻近项目。

（5）根据情境内容集合 I，寻找该情境下的主要影响因素，即计算用户的不同属性与行为及用户不同行为之间的关联性，进行基于因子分析的特征选取。

（6）①根据情境集合 I，结合流程（5）中的用户特征选取的关键属性、行为和评分数据表，计算用户在各个情境下的相似度，即主体与主体的相似性，形成用户相似矩阵。每个元素 $Sim(CID, UID_i, UID_j)$ 表示在情境 CID 下用户 i 与 j 的余弦相似性：

$$Sim(c, i, j) = \cos(\vec{V}_{c, i}, \vec{V}_{c, j}) = \frac{\vec{V}_{c, i} \times \vec{V}_{c, j}}{\| \vec{V}_{c, i} \| \| \vec{V}_{c, j} \|} \qquad (6\text{-}39)$$

其中，$\vec{V}_{c, i}$，$\vec{V}_{c, j}$分别为用户i与j在同一情境c中的属性特征向量和行为特征向量。

在基于情境的协同推荐算法中，用户应该会在每一个情境中都拥有最近邻居集（张光卫，2006）。如用户j的最近邻居集$F_j = \{F_{j, c_1}, F_{j, c_2}, \cdots, F_{j, c_k}\}$，$1 \leqslant j \leqslant Num(U)$，其中$Num(U)$表示用户数量，$c_1, c_2, \cdots, c_k$表示$k$个情境，$F_{j, c_i}$表示用户$j$在第$c_i$个情境中的最近邻居集合，集合元素是依据相似度降序排列。

②根据情境内容集合I，结合流程（5）的用户特征选取的关键属性、行为和评分数据表，运用C5.0算法进行决策分析。

（7）根据流程（4）和（6）得出在各个情境下的项目相似性和主体相似性。根据目标用户在某情境中的最近邻居集合$F_{UID, IID}$产生推荐：目标用户（UID）对待推荐项目（IID）的估计评分$S_{UID, IID}$可以通过$F_{UID, IID}$中涉及的相关最近邻用户对待推荐项目（IID）的评分进行加权获得：

$$S_{UID, IID} = \frac{\sum\limits_{n \in F_{UID, IID}} [R_{n, IID} \times Sim(UID, n)]}{\sum\limits_{n \in F_{UID, IID}} | Sim(UID, n) |} \qquad (6\text{-}40)$$

其中，$R_{n, IID}$表示用户n对待推荐项目IID的评分，$Sim(UID, n)$表示用户UID与用户n的相似度。

上述计算流程可划分为2个阶段：流程（1）到（5）为机器训练阶段，流程（6）和（7）为项目推荐阶段。项目推荐阶段的时间复杂度为$O(K \times N)$，其中K表示待推荐项目所属场景数，N表示用户数$Num(U)$，且K通常比较小，故算法效率较高，满足在线推荐的要求。

6.4 参考文献

[1] CHUNHUA J U, CHONGHUAN X U, 2014. Personal recommendation

via heterogeneous diffusion on bipartite network [J]. International journal on artificial intelligence tools, 23 (3): 1-23.

[2] LIU RUN-RAN, JIA CHUN-XIAO, ZHOU T, et al., 2009. Personal recommendation via modified collaborative filtering [J]. Physica a, 388 (4):462-468.

[3] PAOLO C, YEHUDA K, ROBERTO T, 2010. Performance of recommender algorithms on top-n recommendation tasks [C]. Proceedings of the 2010 ACM Conference on Recommender Systems, RecSys 2010, Barcelona, Spain, September 26-30.

[4] ZHANG Y C, MEDO M, REN J, et al., 2007. Recommendation model based on opinion diffusion [J]. Europhysics Letters, 80 (6): 417-429.

[5] LIU R R, LIU J G, JIA C X, et al., 2010. Personal recommendation via unequal resource allocation on bipartite networks [J]. Physica a: statistical mechanics and its applications, 389 (16): 3282-3289.

[6] ZHANG B, HSU M, DAYAL U, 1999. K-harmonic means-a data clustering algorithm. technical report hpl-1999-124 [R]. Hewlett-Packard Laboratories.

[7] KENNEDY J, EBERHART R C, 1995. Particle swarm optimization [C]// Proceedings of the 1995 IEEE international conference on neural networks. New Jersey: IEEE Press.

[8] ZHOUBAO S, LIXIN H, WENLIANG H, et al., 2015. Recommender systems based on social networks [J]. Journal of systems and software, 99 (c): 109-119.

[9] MA H, ZHOU D Y, LIU C, et al., 2011b. Recommender systems with social regularization [C]. Proceedings of the 4th ACM International Conference on Web Search andData Mining, WSDM, Hong Kong, China, February 9-12, 287-296.

[10] CHONGHUAN X, 2018. A novel recommendation method based

on social network using matrix factorization technique [J]. Information processing and management, 54 (3): 463-474.

[11] PANNIELLO U, TUZHILIN A, 2009. Comparing pre-filtering and post-filtering approach in a collaborative contextual recommendation system [M]. Berlin: Springer.

[12] 刘永利, 欧阳元新, 闻佳, 等, 2010. 基于概念聚类的用户兴趣建模方法 [J]. 北京航空航天大学学报 (2): 188-192.

[13] 刘云中, 林亚平, 陈治平, 2004. 基于隐马尔可夫模型的文本信息抽取 [J]. 系统仿真学报, 16 (3): 507-509.

[14] 琚春华, 章敏, 2011. 基于隐半马尔可夫模型的用户兴趣特征提取 [J]. 计算机工程与设计, 32 (12): 4206-4209.

[15] 章敏, 2012. 融入本体情境的用户兴趣挖掘模型研究 [D]. 杭州: 浙江工商大学.

第 7 章

个性化推荐方法之应用实例

前面章节分别描述了复杂情境下满足消费者个性化需求的推荐方法，这些方法为不同企业设计符合自身实际情况的个性化推荐系统提供了有益的参考。在日趋激烈的竞争环境下，个性化推荐系统作为企业精准营销的重要工具之一，有助于提升客户关系管理的效果，增进用户的黏性，提高企业的销售收入。

事实上，个性化推荐系统出现不久后，就给电子商务领域带来了巨大的商业利益。VentureBeat 机构 2006 年的统计数据显示，国际电子商务巨头亚马逊的推荐系统为其提供了 35％的商品销售额。时至今日，亚马逊的推荐系统为其带来的销售额的贡献率稳定在 20％左右，要远高于国内的各大电子商务企业。尽管现有的推荐系统已经取得了很大的成功，但平台用户转化率还相对较低，用户黏合度不高，发展空间巨大，国内个性化推荐系统的研究与发展还需要不同领域的研究人员更加努力。用户需求是信息内容推荐服务产生的根本原因。在复杂环境下，用户需求又受到诸多情境因素的影响，导致信息推荐内容的不断变化。 个性化推荐系统是信息推荐服务的实施者，在对其进行设计时必须明确用户需求、复杂情境和推理行为的内在关联，如此才能设计出合理的工作机制和流程，使得设计的推荐系统能够自动地，在恰当的时间、恰当的地点给予消费者恰当的结果反馈与解释反馈，让消费者对推荐结果感到信任，帮助消费者提升购买技能以匹配当前所面对的购买任务挑战，并最终实现推荐系统辅助消费者做出购买决策，提高购买效率，给企业带来持续稳定的销售量增长和商业利润的目标。

7.1 基于社交网络协同过滤的社会化推荐应用

随着社会网络的发展和社交媒体的普及，传统根据用户历史行为和商品属性形成的用户相似度或商品相似度的推荐方法和系统已经不能满足用户的实际需求。 人们在做购物决策时，除了考虑商品自身的功能和性质，还受到社会网络环境的影响，尤其是消费者在情感性需求实现方面与社会网络关系密切。 在社会化购物和移动购物真正进入我们生活的今天，社交网络口碑已经取代了大众网络口碑，成为影响消费者做出在线购物决策的关键因素。 本章通过设计商品流行性与声望强度、社会网络关系及社交网络口碑和兴趣偏好强度等 3 个分析模块构建了基于社交网络协同过滤的社会化电子商务推荐模型。 实验验证了该模型的推荐效果优于其他推荐模型与策略。

7.1.1 应用背景

随着在线商品与服务质量水平的提升和消费保障制度的完善，消费者对网络购物的信任度也越来越高。 从传统实体店购物，到互联网购物，再到移动网络购物，时间成本大大减低，购物渠道和进入方式更为普遍，信息咨询更为便捷。 网络购物市场的迅速扩大，在线零售交易量的激增，促使各个网络交易平台着手研究设计能够为其用户提供在线消费决策支持的推荐系统。 同时，随着移动网络和移动互联网技术的发展，尤其是移动支付和各种移动社交网络应用的实现、崛起并且迅速普及，不仅可以让消费者参与媒体信息的制造和分享，排除了沟通的时空限制，而且可以实现线上人际网络与线下人际关系的有效结合，增强了在线人际关系的强度和信任。

从过去单向信息专递的"Web 1.0"到现在双向互动的"Web 2.0"，再到未来智能的"Web 3.0"，由用户参与、分享与主导的移动网络经济在现代网络背景下越来越活跃。 便利的移动购物迅速得到市场的认可和接受，并迅速扩大。 尤其是随着"90 后"购买能力的形成与提高，移动消费年轻化的趋势会得到加强。"90 后""95 后"，甚至是"00 后"消费人群逐渐崛起。 而且，成长于消费升级时代的"90 后"人群的消费偏好时尚化、多元化，价格因素的影响逐渐削弱。 创新力和个性化成了最能打动消费新生人群的 2 个关键因素，而这些又会通过各自的社会网络或社交媒体相互影响。 社会化购物和移动购物已经真正进入了我们的生活。

在传统的电子商务推荐系统中，一般是利用消费者近期浏览记录、销量排行、人气排行、价格排行、评论排行和新品排行等进行简单的推荐。在基于用户或商品协同的推荐方法和系统中，往往会因为数据稀疏性和冷启动等问题，导致推荐效果不佳。 用户和商品数据量大且信息不完整，会产生数据稀疏性问题；而新用户进入系统会产生冷启动问题。 还有许多社会学学者已经证明了消费者情感性需求的实现是建立在社会网络基础之上的，或者说社会网络会影响消费者情感性需求的实现趋同。 因此，在社会化电子商务背景下，合理利用社会网络和社交媒体等资源来研究并构建社会化推荐模型与系统具有重要的理论意义和实践价值。

2015 年底，移动社交媒体（包括微信、陌陌、QQ、微博等社交应用）用户规模达 6.24 亿人次，移动社交媒体使用率为 90.7％（中国互联网络信息中心，2016）。 移动社交媒体服务是网民最受欢迎的一类应用，但是这类应用大多数不直接创造盈利价值，而是在形成了一定用户规模的基础上为用户提供相关增值服务，从而获得利益。 由于提供这种社交媒体服务的社会网络是建立在人际关系网络的基础之上的，其社会网络关系是相对稳定的，其关系强度也相对较高。 综上所述，本章主要研究在社会化电子商务背景下，构建基于社交网络协同过滤的社会化推荐模型与方法。

7.1.2 基于社会网络关系的推荐系统设计

随着社会网络的发展和社交媒体的普及，传统的依赖于单因素影响形成的用户相似度或商品相似度的推荐方法和系统已经不能满足用户实际需求了。 人们进行购物决策时，除了考虑商品自身的功能和性质，还受到社会网络环境的影响，尤其是消费者在情感性需求实现方面与社会网络关系密切。 商品自身的功能和性能是指商品固有的属性特点集合。 该属性特点集合的组成是决定消费者购买决策差异的核心因素。 社会化电子商务环境下的社会网络关系行为则包括消费者对某商品的评价和意见，好友之间的分享、转发和点赞等互动行为。 第5章的研究结论也说明了消费者做出购物决策时更加信任来自朋友（社会网络口碑）的推荐，而非大众网络口碑或系统通过简单因素计算的推荐结果。

1）社会网络关系

社会网络由一群相对独立而又相互影响的个体及他们之间的关系所组成（Ni et al.，2010），社会网络中的边代表各类社会关系，节点代表社会关系中的个体。 随着社交媒体和各类网络应用的迅速发展，线上的社会网络关系也得以在很短的时间内构建起来，并迅速壮大（琚春华等，2014）。社会网络方便了消费者即时互动，促进了消费体验分享与交流，使得社会心理学中的从众心理（群体行为）对社会化电子商务的现实影响变得更为广泛和迅速。 这种影响常常是指社会网络中的个体行为、偏好和态度，甚至是信仰会逐渐向其长期频繁参与的社会网络系统靠近。 正因为存在这种直接而且关键的影响，各大电子商务平台纷纷试水设计社会化电子商务。

社会影响理论通常被称为跟随大多数可获得的建议而选择的简单行为（Klein et al.，2010）。 社会化电子商务正在以一种新市场浪潮的势头向青年消费者靠近（琚春华等，2014）。 有学者研究认为，商品自身的质量和社会网络关系的支持是影响消费者参与社会化电子商务的重要动机

（Liang et al. , 2011）。 然而，比较之前的相关研究，我们发现，有关基于在线社会网络协同的社会化电子商务推荐模型与方法的研究和应用的研究相对较少（赵华等，2011）。

2）推荐模型与方法

随着信息网络技术的发展与信息数据的膨胀，推荐模型和方法也已经有了 20 多年的发展。 推荐的意义在于用户可以在信息严重过载的今天，获取合适的信息和内容（Li et al. , 2005）。 尤其是商品类和服务类推荐模型与系统受到了学术研究界和实践应用界的重视。 目前，已有的相关个性化推荐模型和方法主要分为三大类（Jeong et al. , 2010）：

第一类是基于相似项目内容的推荐模型与方法。 根据消费者消费历史的特征与偏好进行相似商品与内容的推荐。

第二类是基于用户协同过滤的推荐模型与方法。 根据相似用户的普遍偏好来推荐项目或商品。 协同推荐机制计算的是用户的相似性而不是商品的相似性。

第三类是混合推荐模型与方法。 结合基于相似项目内容推荐和用户协同过滤推荐的优点，即利用基于相似项目内容的推荐获取用户历史网络行为和数据，同时利用用户协同过滤推荐分析相似用户的普遍共同偏好。

虽然这些个性化推荐模型与方法在一定程度上改善了推荐效果，提升了服务质量水平。 但是，在社会化电子商务环境下，这些模型与方法都存在着一定的缺陷。 传统基于相似项目内容的推荐模型与方法和基于用户协同过滤的推荐模型与方法已经不能满足用户实际需求。 在社会化电子商务环境下，消费者会更偏向信任自己的朋友。 社会网络中的信息传递与扩散也是基于人与人之间的信任的。

7.1.3 社会化电子商务推荐系统框架

随着社交媒体的兴起和移动网络应用的普及，消费者通过社交媒体和移动网络应用构建起可即时交流、随地分享和可信任的社会网络关系。 在社会化电子商务环境下，消费者可以随时随地随情境地在该社会网络上进行商品和服务内容的交互点评、转发和分享等与网络消费相关的社会网络行为。 这些势必会对社会网络内的个体消费行为产生关键的影响（Hsia et al.，2008）。 所以，要设计一个在社会化关系网络下的电子商务推荐系统，应该合理考虑以下 3 个方面：

第一，在线商品与服务自身的功能、性能及商品间的联系。

第二，在线社会网络关系及社交网络口碑。

第三，在社交网络关系上进行的收藏关注、购买点评与分享等行为。

本章研究设计的推荐模型有效结合了上述 3 个方面，依次设计了商品流行性与声望强度、社会网络关系及社交网络口碑和兴趣偏好强度等 3 个分析模块。 基于社交网络协同过滤的社会化电子商务推荐模型如图 7-1 所示。

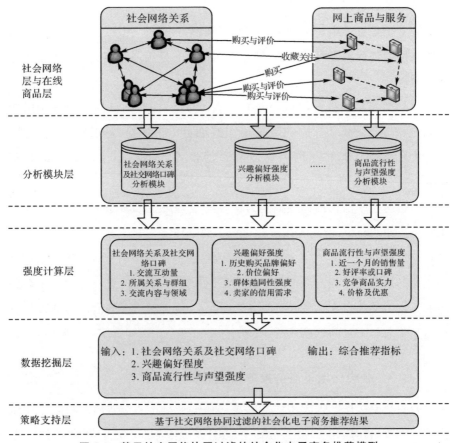

图 7-1 基于社交网络协同过滤的社会化电子商务推荐模型

1）商品流行性与声望强度

商品的流行性与声望强度其实就是大众网络口碑及其销售量情况。某商品的大众网络口碑越好和销售量越高，那么它被推荐成功的概率就越大，就越有推荐的价值。根据现有网上商城关于商品展示信息和消费者购物决策时常关注的内容，本章研究设计了商品流行性和声望强度的主要衡量指标，包括销售量（累计销售量和近期销售量）、用户反馈（好评、差评和图文评价等）、与竞争商品的实力比较（在同类商品中的实力排名）、价格和优惠等。如图 7-2 所示，上述模型的商品流行性与声望强度是一项多因素融合的指标。因此，商品流行性与声望强度的计算表达式如下：

$$PR_s(a_i) = \sum_{j=1}^{4} w_j \cdot x_{ij} \qquad (7\text{-}1)$$

其中，x_{ij} 表示不同商品 i 的各个指标数值，w_j 表示不同指标因素 j 的权重。

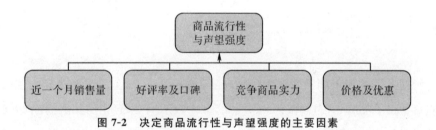

图 7-2　决定商品流行性与声望强度的主要因素

2）社会网络关系及社交网络口碑

社会网络关系及社交网络口碑就是指社会网络关系相似性与交互性的分析与计算，是研究当前社会化网络下的用户行为的重要内容。用户所处的社会网络中的关系及其强度都会影响用户的网络行为。社会网络关系是相对稳定的，社会网络关系的交互性是动态的（Meo，2011）。

社会网络关系、社会商品关系及用户之间的社会关系强度的具体表达式及相应的描述内容见 5.2.2 中的公式（5-17）、公式（5-18）及公式（5-19）。

计算了用户 u_i 与其好友 f_j 的关系强度 $SR（u_i，f_j）$，那么对于用户 u_i

而言，关系强度和社交网络口碑对商品 a_k 的推荐度如下所示：

$$SR_s(u_i, a_k) = \sum_{f_j \in F \cap A(a_k)} SR(u_i, f_j) \qquad (7\text{-}2)$$

其中，$f_j \in F \cap A(a_k)$ 表示用户 u_i 的好友中有正好购买过商品 a_k 的用户。

3）消费者兴趣偏好强度

本章根据消费者的浏览、收藏、购买和评价等历史在线消费行为，分析消费者的在线消费偏好，包括价位偏好、品牌偏好及对商家信用的要求等，构建消费者兴趣偏好模型，推荐在线商品或服务。 消费者在在线商城上筛选某一产品，势必会考虑上述各种偏好因素，但是每个消费者的偏好或者各因素的阈值都存在差异。 因此，可以通过分析消费者历史在线消费行为，计算其对某类产品的偏好需求、兴趣程度及特征偏好权重。

消费者 u_i 对品牌 c_j 的偏好程度 $BP(u_i, c_j)$ 可以表示为

$$BP(u_i, c_j) = \frac{Sum(u_i, c_j)}{\sum\limits_{r=1}^{m} Sum(u_i, c_r)} = \sum_{a_k \in \Phi(c_j)} count(u_i, c_j) / \sum_{r=1}^{m} \sum_{a_k \in \Phi(c_r)} count(u_i, c_r)$$

$$(7\text{-}3)$$

其中，a_k 表示消费者曾购买的商品；$Sum(u_i, c_j)$ 表示消费者 u_i 购买的商品属于品牌 c_j 的总和；$count(u_i, c_j)$ 表示消费者 u_i 购买的商品 a_k 是否属于品牌 c_j，是的计为 1，否则计为 0。 $Sum(u_i, c_r)$ 与 $count(u_i, c_r)$ 含义与上述相似。

消费者对商品 a_k 的价位偏好度 $PP(a_k)$ 可以表示为

$$PP(a_k) = \frac{\max(p_k) - p_{ik}}{\max(p_k) - \min(p_k)} \qquad (7\text{-}4)$$

其中，p_{ik} 表示商品 a_k 的实际价格，$\max(p_k)$ 表示商品 a_k 在在线商城上的最高价格，$\min(p_k)$ 表示商品 a_k 在在线商城上的最低价格。

消费者 u_i 对商品 a_k 的商家的信用偏好度 $SC(a_k)$ 表示为

$$SC(a_k) = \frac{SC_{ik} - \min(SC_k)}{\max(SC_k) - \min(SC_k)} \qquad (7\text{-}5)$$

其中，SC_{ik} 表示商品 a_k 的商家信用等级，$\max(SC_k)$ 表示商品 a_k 在

在线商城上的商家的最高信用等级，$\min(SC_k)$ 表示商品 a_k 在在线商城上的商家的最低信用等级。

综上所述，消费者 u_i 对商品 a_k 的兴趣偏好强度 $IP_s(u_i, a_k)$ 的公式为

$$IP_s(u_i, a_k) = w_1 BP[u_i, \phi^{-1}(a_k)] + w_2 PP(a_k) + w_3 SC(a_k)$$

（7-6）

其中，$\phi^{-1}(a_k)$ 表示商品 a_k 所从属的品牌，w_j 表示不同指标因素 j 的权重。

7.1.4 系统效果分析

上述基于社交网络协同过滤的社会化电子商务推荐模型涉及社会网络关系及社交网络口碑（SR_s）、商品流行性与声望强度（PR_s）、兴趣偏好强度（IP_s）3 个方面的数据，则综合推荐指数表达式为

$$R_s = w_1 SR_s(u_i, a_k) + w_2 PR_s(a_i) + w_3 IP_s(u_i, a_k)$$
（7-7）

其中，w_j 表示不同影响因素 j 的权重。

虽然，淘宝和天猫平台上的在线交易量大，但是，目前在这些平台上并没有建立有效的可信赖的社会网络（例如阿里巴巴的阿里旺旺和旺信上的朋友关系并不明确，一般仅为某次交易关系；阿里巴巴推出的"来往"应用也几乎已经消亡；而支付宝为了专业化或者出于安全性的考虑已经放弃了生活圈功能）。腾讯虽然已经在 QQ 和微信平台上搭建起了稳定且可信的社会网络，但是在这 2 个平台上的在线交易和网购支付却并未成体系。另外，阿里巴巴和腾讯之间的竞争关系远大于合作。因此，本章选取与 QQ 群和微信群都有密切联系和交互的网络用户在淘宝和天猫平台上的网络行为数据作为实验数据，这里共采集 160 位消费者在 2016 年 3 月 1 日—7 月 30 日的实际网购与评论等数据。由于在短短 5 个月的时间内网购 3C 融合产品的数量有限，本实验将商品范围扩大。实验数据网购类型分布情况如图 7-3 所示。

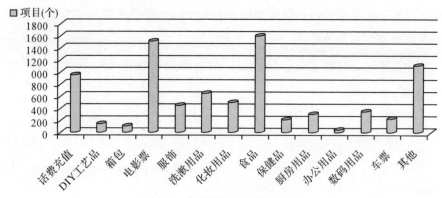

图 7-3 实验数据网购类型分布

在进行实验数据分析之前，我们随机邀请了 10 位消费者参与了层次分析法（Analytic Hierchy Prvcess，AHP）权重的设定，指标体系和权重结果如表 7-1 所示。

表 7-1 根据 AHP 获得的各个指标的权重

综合指数 （目标层）	评价指标	指标属性
综合推荐 指数 R_s	社会网络关系及社交网络口碑 （SR_s）：0.378	社会网络关系及社交网络口碑： 0.378
	兴趣偏好强度（IP_s）：0.328	品牌偏好程度：0.098
		价位偏好程度：0.108
		商家信用偏好程度：0.122
	商品流行性与声望强度（PR_s）： 0.294	近期销售量：0.094
		好评率：0.098
		同类排行及优惠信息：0.102

我们在实验中将采集的 160 位用户在 2016 年 3 月 1 日—7 月 30 日的消费行为数据，分为训练数据和验证数据两部分：将每位用户在 2016 年 3 月 1 日—5 月 31 日的消费行为数据作为训练数据，6 月 1 日—7 月 30 日的消费行为数据作为验证数据。通过对训练数据的研究，分析每位用户在 6 月 1 日—7 月 30 日的网购消费情况是否出现在本章设计模型计算的推荐列表中。模型通过训练学习，获得合适的参数，如表 7-2 所示。

表 7-2　模型训练学习所得的权重参数

指标属性	参　　数
社会网络关系及社交网络口碑	0.351
品牌偏好程度	0.078
价位偏好程度	0.113
商家信用偏好程度	0.134
近期销售量	0.052
好评率	0.138
同类排行及优惠信息	0.134

　　我们分别以推荐前 10 项和前 20 项为例，对推荐成功率进行分析。 各种推荐策略的平均推荐成功率如表 7-3 和图 7-4 所示。 从表 7-3 及图 7-4 可知，采用训练获取的权重参数进行策略组合的推荐结果最佳，"推荐前 10 项"和"推荐前 20 项"的推荐成功率分别为 12.27％和 11.84％。 利用 AHP 进行推荐策略组合的推荐结果次之，但其推荐效果与利用算数平均进行策略组合的推荐效果接近，原因可能是利用 AHP 确定的权重与算数平均较为相近。 另外，总体而言，"推荐前 10 项"的推荐效果普遍好于"推荐前 20 项"的推荐效果，也就是说，推荐的项目数会影响总体的推荐效果，前面几项推荐成功的可能性更大。

表 7-3　各种推荐策略的平均推荐成功率

推荐策略	$(SRs+IPs+PRs)$ ＋训练参数	$(SRs+IPs+PRs)$ ＋AHP	$SRs+IPs$ $+PRs$	$IPs+PRs$	PRs
推荐前 10 项	12.27％	9.86％	9.15％	8.82％	6.98％
推荐前 20 项	11.84％	8.23％	7.94％	7.72％	5.69％

　　如前所述，在社会化购物和移动购物真正进入我们生活的今天，社交网络口碑已经取代了大众网络口碑，成为影响消费者在线购物决策的关键因素。 因此，在社会化电子商务背景下，合理利用社会网络和社交媒体等资源来研究和构建社会化推荐模型与系统具有重要的理论意义和实践价值。 本章通过设计商品流行性与声望强度、社会网络关系及社交网络口碑

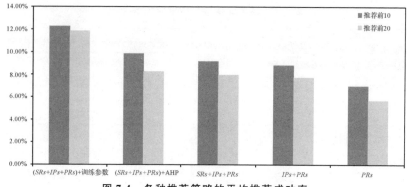

图 7-4　各种推荐策略的平均推荐成功率

和兴趣偏好强度等 3 个分析模块构建了基于社交网络协同过滤的社会化电子商务推荐模型。 并且通过实验验证了社交网络关系会对其中成员的在线消费等网络行为产生影响，而且表明在线消费行为往往是多因素造成的。通过实验与分析可知，本章构建的基于社交网络协同过滤的社会化电子商务推荐模型的效果比其他单因素推荐模型与策略的效果好且稳定，具有很好的实际应用价值。

7.2　面向移动电子商务平台的个性化推荐系统综合应用

本节将上述研究成果进行综合应用，立足于 O2O（Online To Offline，在线离线/线上到线下）电子商务模式，打造基于地理位置服务的复杂情境、面向消费者的折扣信息推送平台。 目标市场定位为年轻的大学生，根据消费者的实际需求，建立一个完整的个性化推荐原型系统。 该平台提供便利的信息搜索和智能推送服务，可省去消费者逐家进行价格对比的麻烦。 商品所有的价格对比、折扣信息均在手机 App 应用中显示，用户随时随地拿起手机就能看到附近实体店铺的商品折扣信息。 本平台能根据用户的个人偏好，智能地为用户推荐价格实惠且他们感兴趣的商品。 在商业应用中，衡量一个推荐系统的性能，除了推荐结果的质量和有效性，更重要的是系统的可靠性（Reliability）和鲁棒性（Robust）。 系统的可靠性指系统在运行过程中避免可能发生故障的能力，且一旦发生故障，具有解决和排除故障的能力。系统的鲁棒性即健壮性，是在异常和危险发生的情况下系统生存的关键。诸如在输入错误、磁盘故障、网络过载或有恶意攻击情况发生时，系统能否正常的工作。简单来说，鲁棒性就是指控制系统在一定（结构、大小）的参数摄动下，维持其他某些性能特征的能力。在大部分情况下，系统的稳定运行比效率更重要。本书提出的个性化推荐方法将封装于推荐系统的推荐技术模块，根据得到的用户相关数据进行计算，再生成最终的推荐结果。

7.2.1　系统基本框架

目前，软件平台采用的体系结构通常分为 2 种：C/S（Client/Server）结构，即客户端和服务器端结构；B/S（Browser/Server）结构，即浏览器端和服务器端结构。C/S 结构是一种被业界广泛采用的经典两层架构，是软件开发领域常说的客户端/服务器端架构。客户端是指在终端用户的智能设备上运行的软件应用程序，而服务器端是运行在远程服务器上的应用程序。其中，服务器端又可以分为 2 种：一种是 Socket 服务器端，通过 Socket 与客户端的程序及服务器端的程序进行通信；另一种是数据库服务器端，客户端通过网络连接应用程序数据所在的数据库访问服务器端的数据。这种软件体系结构主要由客户端和服务器端采用应答的模式共同合作来完成请求和响应。当用户通过客户机向服务器发送请求后，服务器接收到请求并进行响应，将最终的执行结果返回给客户端的应用程序，客户端处理后再把结果返回给用户。传统的 C/S 结构只是在系统开发一级具有开放性，在特定的应用中还需要特定软件的支持。因此，使用客户端和服务器端的体系架构，系统维护工作量会比较大，客户端往往要承受比较大的压力。但这种结构可以利用两端硬件环境的优势，将任务合理分配到客户端和服务器端来实现，降低了系统的通信开销。在此体系结构中要充分发挥客户端设备的处理能力，很多工作可以在客户端处理后再提交给服务器端，因为客户端响应速度快。在 B/S 结构中，用户只需要并且只能通过浏览器访问服务器上的资源。与 C/S 结构相比，它最大的优点就是客户端无须安装任何相关软件，无论客户端使用何种操作系统，只要它能连上互联网，通过本机上的浏览器输入相应的网址就可以很轻松地访问服务器上的资源。 在基于 B/S 架构开发的系统中，Web 浏览器主要承担了页面的显示工作，用户仅需要使用浏览器作为客户端向服务器端发送请求，因此客户端包含的逻辑比较少。 针对用户发送的每一个请求，客户端首先将请求发送到服务器端，然后服务器端对请求进行处理，完成后再与数据库进行交互，通过页面的形式返回给客户端。

在以往的个人电脑（PC）端，很多电子商务平台都采用 B/S 结构为用户提供各类服务和资源，原因在于用户不愿意在电脑上加装过多的软件（会降低电脑的性能），而且电脑屏幕尺寸较大，能满足良好的页面展示需求，用户通过浏览器访问各大电子商务平台已可以获得较好的用户体验，诸如方便快捷地访问电子商务平台天猫、淘宝进行网上购物。 随着智能手机、平板电脑的普及，越来越多的用户喜欢使用移动终端访问互联网，中国互联网信息中心（China Internet Network Information Center, CNNIC）发布的第 36 次《中国互联网络发展状况统计报告》统计数据显示，我国手机网民规模达 5.94 亿人，通过移动终端设备访问互联网的时长超过通过 PC 端访问互联网的时长[①]。 来自市场领导企业阿里巴巴的平台交易数据显示，2015 年移动端的交易额更是占到总交易额的 65% 左右。特别是在天猫"双十一"创下成交额 912 亿元的背后，移动端交易额超过620 亿元，占总成交额的 68%[②]，这也预示着移动电子商务时代的深刻变化已经到来。 虽然移动终端携带便捷，可以完全跨时空限制，但由于屏幕尺寸普遍较小，通过浏览器访问各电子商务平台，带来的用户体验较差。此外移动端的应用程序普遍是轻量级的，越来越多的开发者开发移动终端系统时会选择 C/S 结构，这样可以发挥系统的最大功效，以提升用户体验。 诸如天猫手机客户端、淘宝手机客户端均是这种结构。

---

① 中国互联网信息中心:《中国互联网络发展状况统计报告》,http://cnnic.cn/hlwfzyj/hlwxzbg/hlwtjbg/201507/P020150723549500667087.pdf。

② 《2015 年天猫双 11 成交额 912 亿元,移动端占比 68%》,搜狐网,2015 年 11 月12 日, http://mt.sohu.com/20151112/n426186486.shtml。

本部分研究基于 O2O 的商业模式，为消费者提供移动环境下的商品折扣信息推荐服务。 针对折扣商品的个性化推荐服务过程，我们采用面向服务分层的思想及模块化的方式构建基于情境的折扣商品个性化推荐服务体系框架。 该推荐服务体系原型主要面向移动端，采用 C/S 结构设计 App 应用软件。 整个推荐服务体系采用多层架构设计：数据层存储用户历史行为数据并进行规则计算的预处理；方法层作为推荐服务体系的核心，包含个性化推荐方法库，提供在线与离线推荐服务；应用层面向终端用户，提供数据输出接口，向用户展示推荐结果。 上述个性化推荐服务体系框架如图 7-5 所示。

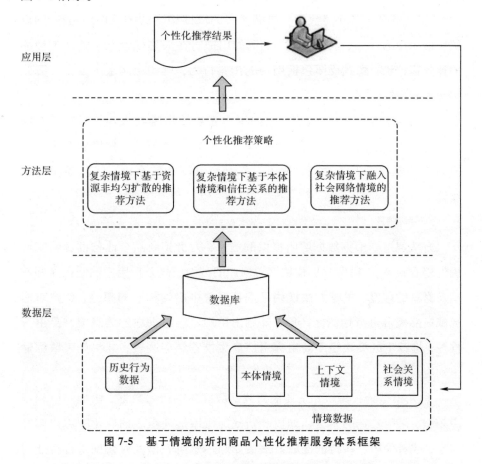

图 7-5 基于情境的折扣商品个性化推荐服务体系框架

1）数据层

数据层主要包括用户相关信息的获取、存储和预处理。 该层次由 2 个功能模块组成：用户行为记录模块及数据组织模块。 通过对相关数据的获取和处理，对相关信息资源的知识整合（特别是情境信息、评价言论等可以采用本体语义化的方式构建相应的知识模型），为商品折扣信息个性化推荐的实现提供知识基础。 相对于数据组织模块，用户行为记录模块的工作更基础，主要负责记录用户的各种数据，包括以下内容：

（1）用户显性的兴趣数据，来自于用户主动填写的一些个人偏好信息。

（2）用户的基础注册数据、背景信息，例如用户出生地年龄、性别、星座和职业等，一般可以从用户注册过程中获取。 诸如在百度地图注册、淘宝注册时，用户都会填写一些个人信息。

（3）用户行为反馈数据，包括显式的反馈和隐式的反馈。 显式的反馈包括用户的评分、点赞等行为，诸如用户对在天猫或京东上购买的商品的评分和评论；隐式反馈包括用户的浏览行为，例如在淘宝上点击了哪些页面及商品等。

（4）用户交互偏好数据，例如用户喜欢使用哪些入口，喜欢哪些操作，以及从这些操作中分析出来的偏好；又如在基于地理位置服务中分析出用户的家在哪儿、公司在哪儿，以及经常活动的商圈，经常使用的路线等。

2）方法层

方法层主要根据数据层所提供的信息，为折扣商品个性化推荐的实现提供核心服务。 模型分析模块通过用户的行为记录分析用户的潜在喜好产品及喜欢的程度；推荐方法模块是推荐系统中最为核心的部分，负责对信息或产品集合进行相似性计算，筛选出用户可能感兴趣的信息或产品进行推荐；推荐生成模块是面向目标用户产生推荐结果列表，并将列表数据输出到应用层。

（1）模型分析模块：主要根据数据层提供的行为数据、情境知识和用户知识，采用一定的方法诸如贝叶斯网络概率推理获取情境化的用户偏好信息，或者采用一些特征提取方法诸如隐马尔可夫模型对数据进行特征提取，实现数据的降维，生成情境化的用户偏好信息。

（2）推荐方法模块：该模块主要为推荐方法库，包括复杂情境下基于资源非均匀扩散的推荐方法，复杂情境下基于本体情境和信任关系的推荐方法和复杂情境下融入社会网络情境的推荐方法。该模块将根据输入数据的属性和特征进行推荐方法的自适应匹配，选择最适合的进行计算。

（3）推荐生成模块：生成符合复杂情境下用户需求的推荐结果。

3）应用层

应用层主要提供用户与推荐服务的交互接口，将推荐结果输出到用户界面进行可视化的展示，同时通过用户对推荐结果的反馈信息，可以不断更新数据层的用户相关知识模型。

7.2.2 系统关键技术

移动电子商务平台面向目标消费者提供基于地理位置的商品折扣信息服务。众所周知，在电子商务领域的个性化服务开展中，有相当比例的用户群体对隐私敏感，即不愿意向服务商泄露过多的个人隐私信息。因此，当用户选择不将地理位置信息公开给应用平台时，平台推荐折扣商品信息时就不纳入地理位置因素的影响。在个性化推荐系统的开发过程中涉及两大关键技术：定位服务和个性化推荐方法（由于是原型系统，与商用系统还存在一些差距，如分布式的架构、负载均衡等未做设计和优化）。

1）定位服务

移动终端（智能手机为主）定位服务是指通过电信移动运营商的无线电通信网络（如 GSM 网、CDMA 网）或外部定位方式（如 GPS、无线 Wi-Fi 接入点）获取移动终端用户的位置信息（地理坐标或大地坐标）。事实上，定位技术更多的是依赖于硬件设备，诸如 GPS 定位芯片逐渐成了移动终端设备的一个标准配置，几乎所有的智能手机上都带用 GPS 定位芯片，GPS 定位根据经纬度数据判断用户所在的位置。此外，随着无线 Wi-Fi 的普及，越来越多的用户会通过连接无线 Wi-Fi 访问互联网，根据这些无线 Wi-Fi 接入点的位置（通常这些无线接入点的位置是可知的）也可以对用户进行定位。

2）个性化推荐方法

个性化推荐方法是个性化推荐系统的核心，决定着系统的推荐质量。

本书提出的复杂情境下的个性化推荐方法已经在前面章节进行了详细的描述，这里不再赘述。仅简单阐述系统推出的两类信息推送服务：

（1）粗推荐，即平台提供的基础热门推荐服务，是广泛适用于本区域内所有目标用户的通用推荐。粗推荐也是基于地理位置的定位服务，通过对地区的范围划分向相应的使用者提供距离其最近的或较近的线下实体店诸如超市商场的折扣信息。当然粗推荐也可以根据用户的地域选择，推荐其所选地域的商品折扣信息。

（2）精准推荐，即面向个人偏好特征的个性化推荐服务。推荐服务平台利用用户历史行为、相关情境及地理位置信息，采用自适应匹配的方式，选择个性化推荐方法库中合适的方法进行相似性计算，为用户精准推荐他们可能需要的商品折扣信息，便于其购物。

同时，平台也开发出折扣信息分享功能，使得消费者可以在其他网络平台上与好友共享商品折扣信息，扩大同一信息的传播范围。从前述内容已知，人们更愿意相信来自朋友的信息推荐而不是由机器计算出的信息推荐，朋友分享也是基于这一点产生的。

7.2.3　系统功能与界面

本节将展示原型系统的相关功能和对应的界面。本推荐平台主要针对移动端用户，开发了基于苹果 IOS 系统和 Android 系统的 App 应用程序（目前已开发完成基于 Android 系统的 App 应用）。具体开发涉及手机客户端开发和服务器端开发。

部分客户端平台界面展示如下：

图 7-6 展示了用户手机客户端的用户登录界面。当用户第一次登录时，系统将根据用户的地理位置进行定位，获取用户的所在城市信息。当然用户也可以不接受该系统的定位服务，手动选择城市。用户只有接受系统的定位服务且登录后，系统才能根据用户的地理位置向用户推荐附近的商品折扣信息。对非注册用户将进行粗推荐，对注册但不开放地理位置定位权限的用户将提供不融入地理位置信息的个性化推荐服务。

图 7-6   App 应用主界面和城市选择

图 7-7 展示了用户手机客户端的搜索界面及其结果列表。 用户可以在搜索区域输入关键词，进行商品或者店铺的模糊查找和精确查找。 为了方便用户快捷搜索，系统会记录用户的历史查找关键词并选择最近查找展示给用户。 图 7-7 中右边的界面显示了用户进行模糊查找的结果。 某用户输入关键词"水果"，系统会提供和水果相关的信息。 其中，匹配准则根据用户的属性不同（非注册用户、注册且授权获取地理位置的注册用户）而不同。

图 7-7   搜索界面及结果列表

　　该系统会提供众多关于折扣的信息，具体包括折扣实体店铺名称、地理位置、营业时间、客户评价、店铺对应的折扣商品信息和商品评价等。图 7-8 左边的界面展示了基于某用户地理位置推荐的在其附近的热门店铺列表；图 7-8 右边的界面为具体选择一家店铺点击进入后展示的折扣商品信息列表。

图 7-8　餐饮店列表及具体折扣商品信息展示

　　图 7-9 是用户手机客户端提供的另一种折扣信息的展示方式，其与图 7-8 的列表展示方式一起为用户提供了良好的用户体验。

图 7-9　基于地图方式的折扣信息展示

　　"猜你喜欢"模块类似于淘宝、京东等电子商务客户端的个性化推荐模块，用于向用户推送其可能喜欢的商品的信息。此模块是本系统的核心，它能根据对复杂情境下用户之间相似性的计算，再结合地理位置，向用户推荐其可能喜欢的又有折扣的商品。图 7-10 展示了为某一用户进行的精准推荐结果。

图 7-10　精准推荐商品结果展示

7.2.4　应用测试

　　此部分选取杭州下沙大学城某高校的研究生为实验对象。实验受众构成为 4 男 4 女，分别要求他们在手机上安装本原型系统，并进行注册，授权地理位置信息获取。实验时间为 1 个月，实验结果的统计（主要统计系统推荐的折扣商品被用户真正选择的比例）分别在第十天、第二十天和第三十天进行，实验内容为主要测试系统精准推荐的效果。实验统计选取这 3 个时间节点的原因在于考察精准推荐的效果是否随着数据量的增加越来越好。实验结果如表 7-4 所示。

表 7-4　实验测试结果

实验对象	第十天的准确率	第二十天的准确率	第三十天的准确率
1	0.03	0.03	0.05
2	0.02	0.03	0.05
3	0.02	0.03	0.05
4	0.02	0.03	0.05
5	0.02	0.03	0.05
6	0.02	0.03	0.05
7	0.02	0.03	0.05
8	0.02	0.03	0.05

由表 7-4 可以看出，该系统的个性化推荐方法有一定的效果，对用户转化率也能起到促进作用（但准确率不是很高，主要源于数据量过少）。

7.3　参考文献

［1］DEMEO P，NOCERA A，TERRACINA G，2010. Recommendation of similar users，resources and social networks in a social internetworking scenario［J］. Information sciences，181（1）:1285-1305.

［2］HSIA T L，WU J H，LI Y E，2008. The e-commerce value matrix and use case model：a goal-driven methodology for eliciting B2C application requirements［J］. Information & management，45（5）：321-330.

［3］JEONG B，LEE J，CHO H，2010. Improving memory-based collaborative filtering via similarity updating and prediction modulation［J］. Information sciences，180（1）：602-612.

［4］KLEIN A，BHAGAT P，JALBERT T，2011. We-commerce：evidence on a new virtual commerce platform［J］. Global journal of business research，4（14）：107-124.

［5］ LIANG T P， HO Y T， LI Y W，2011. What drives social commerce：the role of social support and relationship quality ［J］. International journal of electronic commerce，16（1）:69-90.

［6］ LIU RUN-RAN， JIA CHUN-XIAO， ZHOU T， et al.，2009. Personal recommendation via modified collaborative filtering ［J］. Physica a：statical machancs and its applications，388（4）:462-468.

［7］ LI Y， LU L， FENG L X，2005. A hybrid collaborative filtering method for multiple-interests and multiple-content recommendation in e-commerce ［J］. Expert systems with applications，28（1）:67-77.

［8］ NI Y， XIE L， LIU Q Z，2010. Minimizing the expected complete influence time of asocial network ［J］. Information sciences，180（1）:2514-2527.

［9］ PAN W K， YANG Q，2013. Transfer learning in heterogeneous collaborative filtering domains ［J］. Artificial intelligence，197（1）:39-55.

［10］ RANGANATHAN C， GANAPATHY S，2002. Key dimensions of business-to-consumer web sites ［J］. Information & management，39（6）:457-465.

［11］ 琚春华，鲍福光，许翀寰，2014.基于社会网络协同过滤的社会化电子商务推荐研究［J］.电信科学，30（9）:80-86.

［12］ 赵华，林政，方艾，等，2011.一种基于知识树的推荐算法及其在移动电子商务上的应用［J］.电信科学（6）：54-58.

─────────────────────────────── 第 8 章

总结与展望

8.1 总　结

　　围绕"复杂情境下的电子商务用户个性化推荐策略研究及应用"这一主题，本书综合运用跨学科的知识和方法，将理论研究和实践紧密结合。以数据挖掘方法为建模工具，以发现用户潜在需求、提高用户满意度、实现企业收益最大化为目标，循序渐进地解决了 2 个研究问题：电子商务用户属于典型的非契约型客户，如何在复杂情境的影响下提高个性化推荐质量水平，快速帮助用户进行购物决策，增加用户的满意度；不同的企业所需的推荐方法各不相同，在复杂情境和用户兴趣漂移的影响下，如何设计满足企业不同需求的个性化推荐方法，有效提高转化率，实现企业收益的增加。 通过全书的分析研究，对企业进行粗粒度的划分，并提出相应的复杂情境下的电子商务用户个性化推荐策略，能满足不同电子商务平台设计的需求。 形成的主要观点与结论如下：

（1）对于大部分用户量较少、只能获得用户单一维度情境信息的企业而言，采用复杂情境下基于二部图非均匀扩散的个性化推荐方法可以获得较高的推荐质量，满足消费者的个性化需求。

个性化推荐服务的根本在于是否了解用户。 对用户的了解程度基于对用户相关数据量的掌握，除了百度、阿里巴巴和腾讯等少数具有垄断优势的大型互联网企业可以获取用户丰富维度情境的信息，大部分企业只能得到用户部分维度或者单一维度情境的信息，而且数据总量也不大。 基于二部图资源非均匀扩散的个性化推荐方法，可以缓解应用最为广泛的协同过滤方法在数据稀疏性和冷启动方面的困扰，有效提高推荐结果的质量水平，从而在不增加维度情境信息的同时又能满足用户和企业的需求。

（2）对于能够获取用户部分维度情境诸如本体情境、用户之间信任关系情境信息的企业而言，只需增加少量维度情境信息，采用复杂情境下基于本体情境和信任关系的协同过滤推荐方法，对推荐结果质量水平的提升就有较大的帮助。

随着用户情境的复杂化，传统的协同过滤推荐方法越来越不能满足用户的需求，但协同过滤模型非常简单，易于改进。 基于此提出的个性化推荐模型，利用本体情境信息对用户进行聚类，考虑用户偏好程度及用户信任关系对相似性计算产生的影响。 该方法在一定程度上能缓解数据稀疏性和冷启动问题，可以有效提高推荐质量水平，增加推荐结果的多样性，满足用户和企业的需求。

（3）对于能够获取用户丰富维度情境信息的企业而言，采用复杂情境下融入社会网络情境的个性化推荐方法，可以大大提升推荐质量水平，提高用户的满意度。

社交网络与电子商务的融合使得用户信息更加丰富，基于此产生的个性化推荐结果也更加精准。 基于社会网络情境的个性化推荐模型，同时考虑用户基本属性、用户的个人偏好、用户之间的社会关系及时间等因素的影响，采用矩阵分解的方法生成推荐结果。 这样，可以较大幅度地提高推荐结果的精确性，增加推荐结果的多样性。 同时，矩阵分解方法能够很好地解决数据稀疏性和冷启动问题。 该个性化推荐方法能够适用于社交网络朋友推荐、电子商务平台商品推荐等各种情形，应用领域广泛，特别对于掌握用户丰富维度情境信息的企业而言，借助对用户复杂情境的翔实分析，采用该方法，推荐效果突出。

8.2 贡献与管理启示

本书研究的贡献在于研究视角上的创新和推荐方法上的创新。

（1）研究视角上的贡献。 以往众多的对基于情境的个性化推荐方法的研究，都聚焦于模型构建的三元研究，即基于"基于情境的个性化推荐知识建模—基于情境的用户偏好分析—基于情境的推荐方法"这样的步骤，研究成果只能满足部分企业的需求。 本书在研究过程中将电子商务用户和企业实际情况结合考虑，即从纵向和横向角度入手，纵向上进行方法上的创新，横向上进行企业的粗粒度划分，最终设计出满足不同企业需求的复杂情境下的用户个性化推荐策略。

（2）推荐方法上的贡献。 在方法创新上，本书的研究是基于二部图资源扩散推荐方法、协同过滤个性化推荐方法及基于社会网络的推荐方法的延续，对个性化推荐方法的创新产生积极的推动作用。

个性化推荐可以帮助消费者找到需要的产品，而这并非企业的最终目的，对企业来说，通过个性化产品推荐将潜在消费者转换为购买者是增加企业利润的有效手段。

本书的管理启示主要有以下 3 点：

（1）企业想要实现长尾效应可以依赖个性化推荐服务。 越来越多的企业发现，在商品销售中不流行商品占据了不可忽视的比重，诸如 eBay 的获利主要来自长尾的利基商品；亚马逊 20％～40％的零售额来自那些非热销商品。 事实上，长尾效应的优势在于数量，庞大的数量可以带来意想不到的收益。 个性化推荐不仅仅能帮助用户发现自己的兴趣，而且能帮助企业实现长尾效应，增加交叉销售，进一步提高顾客的忠诚度。 零售业特别是电子商务零售平台的未来发展趋势将是平台化和长尾化相结合。 企业可以依赖个性化推荐服务，给用户提供符合其兴趣偏好的信息内容，激发用户潜在的购买欲望，进而获得更多的商业收益。

（2）企业在实施个性化推荐时需要对复杂情境进行考量。 在零售行业特别是电子商务领域中，用户属于典型的非契约型客户，哪个平台提供的商品价廉物美，个性化服务质量水平高，用户就会转向该平台。 目前，各大电子商务平台的商品价格和质量逐渐趋同，在这种情况下，只有依赖于更好的服务质量才能吸引用户，维持用户黏性。 事实上，个性化推荐方法的每一次改进都源于用户的维度情境数据量的增加，正如阿里巴巴的研究报告指出，个性化推荐的瓶颈往往不在于方法，而在于数据的搜集、整理和持续改进。 随着数据量的增加，数据的实时搜集与计算变得越发困难，及时整理变得非常有必要。 在数据的维度、指标的粒度上实现平衡，其重要性绝对不低于方法本身。 随着用户情境的复杂化，企业积累的与用户相关的数据量越来越大，原有的个性化推荐方法显得苍白无力。 企业在实施个性化推荐时，需要融入用户复杂情境的影响，只有这样才能提供更好的个性化推荐服务。

（3）企业在部署个性化推荐系统时要选择适合自己的策略及方法。产品是为满足某一场景下的用户体验而生的，而技术是构成产品的基础，两者位置切不可颠倒。 不要因为某项技术去构思个性化推荐，而要基于满足实际用户场景假设来驱动技术解决问题。 因此，对于企业而言，不要因为某项个性化推荐技术新颖，就在搭建的个性化推荐系统中应用该技术。企业实施个性化推荐的目的是让用户浏览更多的内容，发掘其真正喜欢的商品，最终能达成交易，实现利润的增长。 同时，企业在部署个性化推荐系统时，还要根据自身的实际情况选择适合的个性化推荐策略和相应的方法，只有这样才能发挥个性化推荐系统的最佳效果，满足用户和企业的需求。

8.3　局限性与未来展望

本书最大的特点是将管理学研究方法与信息技术有效地结合在一起，不仅有定性的分析，而且有模型方法的构建、系统仿真与实际应用。 本书在研究过程中虽然力求完整、严谨与客观，也有一定的创新贡献和管理启示，但笔者的能力、时间和财力有限，且研究问题又比较复杂，导致研究还存在一定的局限性，有待在以后的研究中进行改进。 上述局限性主要表现在以下 3 个方面：

（1）对复杂情境的知识表达与量化方面还需深入研究。 在现实生活中，用户所处的情境是非常复杂的，有很多情境信息是非结构化的，这就涉及对情境信息的知识表达及量化。 还有很多基于情境知识表达的研究在建立情境本体模型时会参考 WordNet 词典（由普林斯顿大学的心理学家、语言学家和计算机工程师联合设计的一种基于认知语言学的英语词典）。因此，词库的完整性与准确性直接决定情境本体模型的有效性。 在今后的研究中，可以通过加入基于本体论的五元组知识模型表达方式，用目前通用的词汇本体来构建规范化的电子商务领域中个性化推荐的本体知识，针对相应领域中的推理规则进行优化，提高情境表达的准确性和有效性。 此外，移动电子商务的不断发展，可以拓展对移动电子商务环境下的个性化推荐模型的研究，并针对如何有效地将移动电子商务环境中的复杂情境融入个性化推荐模型构建中进行研究。

（2）在情境获取方面融入用户隐私关注影响。 电子商务的发展，特别是移动电子商务越来越受到人们重视。 而地理位置服务或复杂情境的获取触发了用户的隐私关注。 特别是基于地理位置服务，能够根据用户所处的地点和偏好，为其实时提供个性化服务，从而大大提高用户满意度和改善用户体验。 但用户在享受便利的同时，泄露了隐私，导致用户减少使用频次甚至放弃使用该服务，也使得相关企业无法提供基于地理位置服务的精准个性化推荐。 此外，企业对用户复杂情境的获取同样涉及用户的隐私，诸如一些反映用户隐秘特征的信息或一些敏感性的话题是用户不愿意泄露的。 因此，企业在进行用户相关情境信息抽取的过程中，采用一定的策略降低用户的隐私关注程度，避免获取用户不愿意泄露的信息，对已获取的信息加以脱敏保护，构建动态调整的用户兴趣模型以提高推荐质量水平，显得十分重要。

（3）融合多源异构数据的推荐方法研究。"大数据"时代的到来及云计算等新兴技术的广泛应用，使电子商务领域积累的用户行为数据量越来越大，越来越复杂，而且这些数据还分布在各个不同的社会网络中。 目前的个性化推荐方法设计通常只针对用户在特定社会网络或应用场景中的行为信息，若能够将与用户相关的来自多个社会网络或应用场景的行为数据进行整合，特别是知道每个节点身份的对应关系（不需要知道用户的真实身份，只需要知道不同网络中存在的一些节点是隶属于同一个用户的），则可以从多个角度更深入、更全面地了解用户的兴趣及需求，对个性化推荐质量水平的提高也会起到重大促进作用，而且还会带来特别巨大的社会经济价值。 因此，下一步可以对如何构建融合多源异构数据的用户兴趣模型及有效的个性化推荐方法进行研究。